TRAITÉ

DE LA CONSERVATION

DES GRAINS,

ET EN PARTICULIER

DU FROMENT.

*Par M. Duhamel du Monceau,
de l'Académie Royale des Sciences, de la Société
Royale de Londres , Honoraire de la Société
d'Edimbourg & de l'Académie de Marine;
Inspecteur Général de la Marine.*

Avec Figures en Taille-douce.

Nouvelle Edition corrigée & augmentée.

A PARIS,

Chez Hippolyte-Louis Guerin,
& Louis-François Delatour,
rue S. Jacques, à S. Thomas d'Aquin.

M. DCC. LIV.

Avec Approbation & Privilége du Roi.

PRÉFACE.

LE Royaume produit plus de froment qu'il n'en faut pour nourrir ses habitans, lorsque plusieurs années fertiles se succédent, puisque le prix des grains devient si modique que les Laboureurs ne retirent pas de la vente de leur récolte les avances qu'ils ont faites pour la culture de leurs terres.

Assez souvent la terre ne donne que la moitié d'une bonne année; alors s'il y a du froment vieux en réserve, le prix des grains augmente peu: mais si les greniers sont vuides, les grains deviennent fort chers, parce qu'il faut, je crois, à peu près deux tiers d'une bonne année, pour faire subsister la France ; & la cherté diminuant la consommation des grains [1], il s'ensuit qu'une demi-récolte bien œconomisée suffit presque pour qu'il n'y ait point de famine.

Un tiers ou un quart d'année occasionnent toujours une disette, quand les greniers ne sont pas extrêmement fournis [2].

Enfin une récolte qui man-

[1] Nous en rapporterons les raisons dans le Chap. I.

[2] On peut donner pour exemple 1751. & 1752.

que entiérement, eſt tou-
jours ſuivie d'une grande famine, quand même elle au-
roit été précédée par pluſieurs bonnes années, ſi on
n'y remédie pas par une ſage
prévoyance qui conſiſte à
faire venir à tems des grains
étrangers.

En partant de ces princi-
pes que je crois très-appro-
chans de la vérité, il paroî-
troit poſſible de prévenir les
grandes diſettes, puiſqu'en
conſervant le froment de
ſurcroît que fourniſſent les
récoltes abondantes, on auroit de quoi ſubvenir au défaut des médiocres ; & on
voit clairement, qu'en négli-

geant cette précaution, on
est exposé aux calamités de
la famine toutes les fois que
les récoltes n'égalent pas une
bonne demi-année, ce qui
arrive très-fréquemment.

Mais comment parvenir
à faire des Magazins assez
considérables pour subvenir
aux besoins de toutes les Provinces ? L'entreprise me pa-
roîtroit impossible, si on se
proposoit de les rassembler
dans un petit nombre de
lieux. Pour remplir une aussi
grand & aussi utile objet, il
faut un concours général ; il
est nécessaire que tout le
monde s'occupe de pourvoir
à ses besoins les plus essen-

tiels : les Villes, les Communautés Religieuses, les
Hôpitaux, les Seigneurs dans
leurs terres, les Laboureurs,
les Particuliers riches, même les petits Bourgeois, ne
fût-ce que pour la subsistance de leur famille ; en un
mot quand le froment est à
bas prix, il faut que chacun
s'efforce de faire des réserves
pour les années de médiocre
fertilité.

Jusqu'à présent ces réserves étoient pénibles & quelquefois ruineuses ; il falloit
des greniers d'une prodi-
gieuse étendue pour contenir une médiocre quantité
de grains ; il y étoit exposé

à se corrompre ſi on ne le remuoit pas, ſi on ne le paſſoit pas fréquemment au crible, ce qui occaſionnoit de grands frais : malgré toutes ces attentions le grain étoit expoſé à la rapine d'une infinité d'animaux & d'inſectes qui produiſoient un déchet conſidérable, & qui ſe multiplioient quelquefois à un tel point que les propriétaires étoient forcés de le vendre même à vil prix [3]. Nous avons reme-

3 Les teignes s'étant beaucoup multipliées dans les greniers en 1749. on fut obligé de les vuider, quoique le froment fût à bas prix. Les grains de 1750. n'étant pas de bonne qualité, on a été obligé de les vendre ; ainſi après la foible récolte de 1751. les greniers étoient vuides, ce qui a occaſionné la famine qu'on a éprouvée.

dié à tous ces inconvéniens ; ainſi on ſera dorefnavant en état de faire des magazins , ſans rifquer de perdre ſon grain & ſans s'expoſer à s'é-puiſer par les frais de con-fervation.

On auroit tort de penſer qu'on manquera dans les vil-les de bons citoyens qui re-fuſeront de ſe livrer aux pe-tits ſoins qu'éxige l'adminiſ-tration de nos greniers. Pour s'en convaincre, je prie qu'on faſſe attention aux ſoins qu'é-xigent les greniers d'abon-dance de Lyon , & à la bon-ne adminiſtration de ce bel établiſſement ; je demande qu'on ſe rappelle le défintéreſſement, diſons plutôt la généroſité de ceux qui ſont chargés de la régie des Hôpitaux de cette ville , & l'intelligence qui régne dans l'adminiſtration de l'Hôpital de Rouen. On ne peut avoir oublié, que dans les diſettes de 1741. & 1752. il s'eſt trouvé dans les campagnes beaucoup de Seigneurs, & dans les villes quantité de Citoyens zélés & charitables, qui ont pris ſur leur néceſſaire pour diminuer les calamités que cauſoit une famine extrême : ces exemples, qui heureuſement ne ſont pas rares, aſſurent qu'il y a dans

toutes les villes des amateurs du bien public, qu'il
ne faut qu'exciter, & ensuite laisser agir librement ,
pour qu'ils se livrent géné-
reusement à tout ce qui pa-
roîtra avantageux à leurs
Concitoyens.

Il ne s'agit dont ici que
d'aider les villes pour les
mettre en état de construire
des greniers , dont on con-
fieroit le soin à des œcono-
mes choisis par les habitans
mêmes, en leur donnant des
assurances que ce dépôt est
le patrimoine de la Commu-
ne , & une ressource assurée
pour les tems de disette. Si
on peut persuader à chaque

ville que son grenier est un bien qui lui appartient, il est certain qu'il sera au moins aussi bien administré que ceux des particuliers.

Les communautés religieuses sont trop attentives à leurs intérêts pour ne pas appercevoir que par les approvisionnemens faits à propos, elles n'ont point à souffrir des disettes, & qu'elles se mettent en état de faire un profit honnête sur le surplus de leurs provisions, dont elles pourront fécourir le public dans les tems de calamité.

Il feroit à désirer, qu'à l'exemple des communautés, les Administrateurs des hôpitaux essayassent de profiter d'une œconomie qui seroit très-avantageuse aux maisons de charité qui sont confiées à leurs soins & au public ; puisque ce seroit autant de citoyens qui ne tireroient plus leur subsistance des marchés, lorsque le froment seroit cher.

Nous avons posé comme un principe qu'on ne peut trop multiplier les greniers lorsque l'abondance régne dans les marchés ; ainsi, outre les grands greniers dont nous venons de parler, il sera avantageux que beaucoup de particuliers fassent des

amas de grains qui puiſſent
ſubvenir au défaut des récoltes.

Je ne parle pas ſeulement
des petites proviſions que
chaque famille devroit faire
pour ſa propre ſubſiſtance.
Une famille bien réglée doit
à cet égard être regardée
comme une petite commu-
nauté ; il s'agit ici principalement des greniers qu'on
remplit lorſque le froment
eſt à vil prix, pour le conſerver & le vendre dans les
années de diſette.

On ne doit pas diſſimu-
ler que les réſerves qui excé-
dent la proviſion néceſſaire
à une famille, ont été repré-

fentées comme des tréfors cachés, que les propriétai-res dérobent à la connoif-fance des Magiftrats, pour les tenir fermés dans les tems de difette.

Il eft vrai que de pareilles allégations ne peuvent faire d'impreffion fur ceux qui ont examiné avec foin ce qui re-garde la confervation & la manutention des grains : néanmoins nous convien-drons, fi on veut, que quel-ques particuliers feront par-venus à dérober leur grain à la furveillance de la po-lice, & que féduits par une avarice fordide, ils auront refufé de vuider leurs greniers, & laissé corrompre leur grain, lorsque le public en avoit un besoin extrême ; mais on sera obligé de convenir, ou que ces magazins étoient de peu de conséquence, ou qu'on n'a pas voulu les découvrir. Car outre qu'un grand grenier ne peut être tenu secret, on sait que le propriétaire est obligé d'employer des ouvriers pour veiller à la conservation de son grain ; & ce sont autant de témoins qui se présenteroient d'eux - mêmes, pour déposer contre celui qui auroit une conduite aussi contraire à l'humanité.

Les greniers clandestins sont

ſont donc rares ou de peu de conſéquence, & j'oſe avancer que la police ſera toujours à portée de con-noître tous les greniers re-pandus dans les Provinces, quand elle jugera à propos d'en faire des perquiſitions ſérieuſes.

Ce ſont cependant ces motifs de réſerves clandeſ-tines, & les exemples beau-coup exagérés de bleds gâ-tés, qui excitent les clameurs d'un public mal inſtruit de ſes propres intérêts, contre ceux qui font les amas de grain dont nous venons de parler, & que nous regar-dons comme le ſeul moyen

b

de prévenir les difettes.

Ce public, tout occupé de fes préventions, taxe d'ufure celui qui dans une année de difette préfente au marché du froment de trois ans. Pour lui faire voir l'obligation qu'il a à ce prétendu concuffionnaire, je fuppofe que pendant dix années confécutives la terre eût produit d'abondantes récoltes, & que la onziéme fut mauvaife, ne devroit-on pas des éloges à celui qui apporteroit au marché du grain de huit à neuf ans, puifqu'on feroit redevable à fa prévoyance & à fes foins, de ce froment inutile pen-

dant les dix années d'abondance, & qui fubviendroit
fi heureufement au befoin
dans les années de difette ?

On fe récrie encore fur
le profit que quelques perfonnes font en confervant
des grains. Mais n'eft-ce pas
l'appas du gain qui détér-
mine la plupart des hom-
mes ? n'eft-on pas bienheu-
reux quand l'intérêt du particulier tourne à l'avantage
de l'Etat ? quand au lieu d'u-
ne difette & d'une famine,
on n'éprouve qu'une mé-
diocre augmentation fur le
prix du froment ? C'eft ce
qui arrivera prefque tou-
jours, quand on aura favo-

rifé les magazins dans les années d'abondance, pour les faire ouvrir à propos, lorfque les récoltes font médiocres.

D'un autre côté, peut-on trouver mauvais que celui qui fait des magazins, retire l'intérêt de fon argent, la récompenfe de fes peines, l'indemnité des rifques qu'il a courus, & du déchet qu'il a fouffert ? Il feroit même à defirer que cet avantage retombât fur celui qui cultive les terres ; elles en feroient mieux travaillées, & le Laboureur feroit plus en état d'augmenter fon bétail, de payer les impôts & les fer-

mages ; mais malheureuſe-
ment la fortune des Fer-
miers eſt ordinairement ſi
médiocre, qu'ils ſont obligés de vendre chaque année
le grain qu'ils ont récolté :
ainſi, au lieu d'être encou-
ragés par un profit honnête
à perfectionner la culture
de leurs terres, ils ſont réduits à ne leur donner que
de foibles labours, & ils
laiſſent en friches les terres
trop fortes, dont la culture
plus pénible exige de forts
attelages.

Le public qui ignore ces
détails, ne trouve jamais le
prix du grain aſſez bas : il
eſſaye de faire enviſager

comme criminelle toute réserve fans diſtinction ; il pouſſe l'injuſtice juſqu'à refuſer au Fermier le profit honnête qui lui eſt dû, de forte qu'il continue à ſe plaindre, lors même que le Laboureur ne retire pas de ſa denrée le prix qu'elle lui coûte. C'eſt ainſi que chacun uniquement occupé du préſent, ſemble ne pas appercevoir que la décadence de la culture & le défaut de récolte font des ſuites néceſſaires de la ruine des Fermiers.

Si en ſuivant de tels caprices, on s'oppoſoit à la formation des magazins ; ſi dans les années d'abondance on empêchoit les réferves, qu'en réfulteroit-il ? Que dans ces circonftances le froment tomberoit à un prix fi bas, que le Fermier feroit ruiné, & qu'il n'y auroit aucune reffource pour fubvenir au défaut des récoltes.

Mais laiffons-là les préjugés populaires : il fuffit que la Police regarde les réferves de grains comme le plus fûr moyen de prévenir les difettes. La tendreffe de notre Monarque pour fes fujets, aidée de l'attention des premiers Magiftrats, pour ce qui intéreffe le plus les citoyens, fera choisir les moyens les plus convenables pour multiplier les magazins de toute espece. L'intérêt que M. le Garde des Sceaux a bien voulu prendre à nos recherches, m'en est un sûr garant; & il y a lieu d'espérer que les moyens que nous proposons pour conserver les grains sans frais & sans déchet, mettront en état de prévenir une partie des difettes, & qu'on sera dispensé d'avoir si fréquemment recours aux grains étrangers.

Un Chef de famille, ou un maître de Manufacture qui se proposoit, dans une

année d'abondance, de mettre en réferve la quantité de
grain qu'il jugeoit lui être
néceffaire pour la confommation de fa maifon pen-
dant une année de famine,
comme de 60, 80, 100,
200 mines de froment ; ce
particulier avoit le chagrin
de voir fa petite provifion
diminuer de jour en jour par
la rapine des rats, des fouris,
des infectes , &c. Occupé
d'autres objets, fon grain fe
corrompoit faute d'être remué ; maintenant avec une
cuve femblable à celles où
l'on fait le vin , & une cou-
ple de foufflets dont la conftruction n'eft ni couteufe

ni embarraſſante, il peut conſerver ſans riſque , ſi long-
temps qu'il voudra , ſans dépenſe , & ſans beaucoup de
ſoins cette petite proviſion
de grain : il n'aura pas beſoin
d'étuve , s'il a eu la précaution de choiſir du froment
vieux , & de bonne qualité.

Les inſectes qui ſe multiplient avec une promptitu-
de incroyable dans les greniers ordinaires , forçoient
les Seigneurs, les gros Receveurs , &c. de vendre leurs
grains à vil prix. Maintenant,
pluſieurs grandes cuves ron-
des ou quarrées (il n'importe
de quelle forme), une petite étuve , & un manege aſſez

leger pour qu'une âne puiſſe faire mouvoir les ſoufflets, ces petits établiſſemens tout ſimples qu'ils ſont, ſuffiront pour conſerver une aſſez groſſe maſſe de grains, ſans déchet ni dépenſe, juſqu'à ce que l'eſpoir de les vendre à un prix raiſonnable, engage à les faire porter aux marchés.

L'immenſe étendue des greniers qu'exige la maniere ordinaire de conſerver les grains, & les frais indiſpenſables de leur conſervation, mettoient les Communautés & les Hôpitaux hors d'état de ſatisfaire aux Ordonnances. Au moyen de nos grands

greniers, ils feront déchar-
gés d'une partie confidérable
des frais de leur entretien,
& ils auront encore cet avantage de pouvoir faire tenir
une grande quantité de
grains, dans le plus petit efpace poffifible.

Ce que nous difons ici
peut avoir auffi fon application pour l'approvifionnement des Villes de guerre,
des lieux d'étapes, &c. Mais
fi l'on a à cœur de voir le
public jouir des avantages
qu'offre notre méthode, &
les magafins fe multiplier,
il faut abolir des Ordonnances, qui étoient néceffaires
dans les années de difette où

elles ont été rendues , mais dont une application inconfidérée dans les années d'abondance caufe des défordres infinis ; il faut détruire ces idées de *Monopole* & d'*Ufure* dont on taxe ceux qui , dans les années d'abondance , confervent des grains pour les porter aux marchés lorfque les récoltes manquent : or une accufation fi injufte & fi contraire au bien public, ne peut être détruite, qu'en laiffant une entiere liberté fur le commerce des grains.

Liberté , pour le tranfport d'une Province à une autre,

Liberté , à toutes perfonnes de quelque état & condition qu'elles ſoient, d'établir des greniers, en apportant, ſi l'on veut, quelques précautions ſimples, & qui, ſans gêner les particuliers, mettront les Magiſtrats en état d'arrêter la cupidité de toutes compagnies qui ſe propoſeroient de faire naître des diſettes ; diſettes qu'on ne doit gueres appréhender lorſque l'on eſt certain que la matiere ne manque pas : d'ailleurs le plus puiſſant remede à cette fraude eſt la concurrence.

Liberté enfin, dans la vente des grains qu'il faut eſſayer d'exciter ſans violence, &

n'avoir pour cela recours à l'autorité, que dans des circonſtances très-critiques, & lorſqu'un beſoin abſolu l'exige.

Quelques ouvrages qui ont été publiés depuis peu de tems, & qui ont mérité l'approbation du public (*a*), me diſpenſent de m'étendre davantage ſur cette matiere. Tout ce que je pourrois dire ici, ſe trouve détaillé à fond & avec toute la force & la netteté poſſible dans ces

(*a*) Eſſai ſur la police des Grains, *in-8°.*
Avantages & déſavantages de la France & de l'Angleterre par rapport au Commerce, *in-12.*
Elémens du Commerce, 2 vol. *in-12.*
Traités ſur le Commerce & ſur les avantages qui réſultent de la réduction de l'intérêt de l'argent, &c. 1754. *in-12.*

excellens Traités.

Je dois, avant de terminer cette Préface, faire remarquer que notre méthode sera très-utile pour le transport des grains par mer, & sur les rivieres.

Quand les Hollandois veulent faire des chargemens de grains, ils font griller dans des fours une certaine portion de ces grains & enfuite ils la mêlent avec le refte. Ce grain defféché à l'excès peut afpirer une partie de l'humidité dont les grains fe chargent fur les rivieres ; mais outre que ce moyen eft fouvent infuffifant, ce grain rôti donne à la farine un goût désagréable., & il n'ôte pas au grain avec lequel on le mêle, la mauvaiſe odeur qu'il a contractée dans la cale des vaiſſeaux. Au lieu qu'en étuvant les grains, avant de les embarquer, en les dépoſant enſuite dans des ſoutes à peu près ſemblables aux greniers quarrés que nous avons fait graver dans notre ouvrage, & en les rafraîchiſſant de tems en tems avec des ſoufflets, on les préſervera de l'humidité, qui les pourroit faire fermenter; enfin en les paſſant de nouveau à l'étuve auſſi-tôt le débarquement, on diſſipera l'odeur de cale

qu'ils auroient pu contracter, & ils se trouveront
ainsi en état d'être gardés
sans aucun risque, ou dans
les greniers ordinaires, ou
dans nos greniers de conservation.

M. Lullin de Château-
vieux, Syndic & Juge de Police de la République de
Geneve, qui saisit avec em-
pressement tout ce qui peut
être utile à ses concitoyens,
m'écrit qu'ayant eu connoissance de ma découverte sur
la conservation des grains,
en premier lieu par le Mémoire que je lus à l'assem-
blée publique de l'Académie

Royale des Sciences le 13
Novembre 1745, & enſuite
par le Traité que j'en ai publié en 1753 ; que ma mé-
thode lui ayant paru fondée
ſur de bons principes, & ju-
ſtifiée par les ſuccès de mes
Expériences , il avoit préſenté aux Seigneurs de la
Chambre des bleds qui ad-
miniſtrent avec autant d'attention que de zele les greniers de la République , il
avoit , dis-je , préſenté les
plans & les profits d'un petit
grenier de conſervation avec
les ſoufflets ; que cette Com-
pagnie fut d'abord frappée
de tous les avantages de cet
établiſſement ; qu'il fut ré-

folu d'en faire l'épreuve, & que lui, M. de Châteauvieux avoit été chargé de faire exécuter le tout. Ce grenier, ajouta-t-il, eft très-petit, (il ne contient que 216 minots de blé mefure de Paris) ; il eft exécuté, & on l'a rempli. En conféquence de l'attention que M. de Châteauvieux apporte à faire jouer de tems en tems les foufflets, nous ne doutons nullement du fuccès de cette expérience, & que la République ne fe détermine fur cette premiere tentative, à faire dans la fuite un pareil établiffement en grand.

PRIVILEGE DU ROI.

LOUIS, par la grace de Dieu, Roi de France & de Navarre : À nos amés & féaux Conseillers les Gens tenans nos Cours de Parlement, Maîtres des Requêtes ordinaires de notre Hôtel, Grand Conseil, Prévôt de Paris, Baillifs, Sénéchaux, leurs Lieutenans Civils, & autres nos Justiciers qu'il appartiendra : SALUT. Notre amé HIPPOLYTE-LOUIS GUERIN, Imprimeur & Libraire à Paris, Nous ayant fait exposer qu'il auroit entrepris de continuer l'Impression d'une Collection des *Historiens de France depuis l'origine de la Nation*, dont il a déja publié huit Volumes *in-folio :* Et comme cet Ouvrage, autant utile à la République des Lettres, que glorieux à notre Royaume, engage l'Exposant dans des dépenses considérables, il nous a très-humblement fait supplier de vouloir bien, pour l'aider à supporter les frais d'une si grande entreprise, lui accorder nos

Lettres de continuation de Privilege, tant pour l'impreſſion dudit Livre, que pour l'impreſſion ou la réimpreſ-ſion de pluſieurs autres , dont les Privileges ſont expirés ou prêts à ex-pirer ; offrant pour cet effet de les im-primer ou faire imprimer en bon pa-pier & beaux caracteres , ſuivant la feuille imprimée & attachée pour mo-dele ſous le contreſcel des Préſentes. A CES CAUSES , voulant favora-blement traiter ledit Expoſant , & encourager par ſon exemple les autres Imprimeurs & Libraires à entrepren-dre des Editions utiles pour l'honneur de la France & le progrès des Sciences, Nous lui avons permis & accordé , permettons & accordons par ces Pré-ſentes , de continuer d'imprimer ladite Collection des *Hiſtoriens de France depuis l'origine de la Nation* , ſous le titre de *Recueil des Hiſtoriens des Gau-les & de la France* , & d'imprimer ou faire réimprimer les Livres intitulés : *Traités de la Culture des Terres & de la Conſervation des Grains* , par M. *Duhamel du Monceau* , de l'*Académie Royale des Sciences, &c* ; en tels Volu-mes,

mes, forme, marge, caracteres, conjointement ou féparément, & autant de fois que bon lui femblera, & de les vendre, faire vendre & débiter partout notre Royaume, pendant le temps de *vingt années confécutives*, à compter de la date des Préfentes, & de l'expiration des précédens privileges. Faifons défenfes à tous Imprimeurs, Libraires & autres perfonnes, de quelque qualité & condition qu'elles foient, d'en introduire d'impreffion étrangere dans aucun lieu de notre obéiffance ; comme auffi d'imprimer ou faire imprimer, réimprimer ou faire réimprimer, vendre, faire vendre ni débiter lefdits Livres, en tout ou en partie, ni d'en faire aucuns extraits, fous quelque prétexte que ce foit, d'augmentation, correction, changement ou autres, fans la permiffion expreffe & par écrit dudit Expofant, ou de ceux qui auront droit de lui, à peine de confifcation des Exemplaires contrefaits, & de trois mille livres d'amende contre chacun des contrevenants, dont un tiers à Nous, un tiers à l'Hôtel-Dieu de

Paris, & l'autre tiers audit Exposant, ou à celui qui aura droit de lui, & de tous dépens, dommages & intérêts; à la charge que ces Présentes seront enregistrées tout au long sur le Registre de la Communauté des Imprimeurs & Libraires de Paris, dans trois mois de la date d'icelles; que l'impression & réimpression desdits Livres sera faite dans notre Royaume, & non ailleurs; que l'Impétrant se conformera en tout aux Réglemens de la Librairie, & notamment à celui du 10 Avril 1725. qu'avant de les exposer en vente, les Manuscrits & Imprimés qui auront servi de copie à l'impression & réimpression desdits Livres, seront remis dans le même état où l'Approbation y aura été donnée, ès mains de notre très-cher & féal Chevalier, Chancelier de France le Sieur DE LAMOIGNON, & qu'il en sera ensuite remis deux exemplaires de chacun dans notre Bibliothéque publique, un dans celle de nôtre Château du Louvre, un dans celle de notredit très-cher & féal Chevalier, Chancelier de France, le Sieur

DE LAMOIGNON , & dans celle de notre très-cher & féal Chevalier , Garde des Sceaux de France, le Sieur DE MACHAULT , Commandeur de nos Ordres , le tout à peine de nullité des Préſentes ; du contenu deſquelles vous mandons & enjoignons de faire jouir ledit Expoſant , & ſes ayans cauſe , pleinement & paſiblement , ſans ſouffrir qu'il leur ſoit fait aucun trouble ou empêchement. Voulons que la copie des Préſentes , qui ſera imprimée tout au long au commencement ou à la fin deſdits Livres , ſoit tenue pour duement ſignifiée , & qu'aux copies collationnées par l'un de nos amés & féaux Conſeillers Secretaires , foi ſoit ajoutée comme à l'original. Commandons au premier notre Huiſſier ou Sergent ſur ce requis, de faire pour l'exécution d'icelles , tous Actes requis & néceſſaires , ſans demander autre permiſſion , & non-obſtant clameur de Haro , Charte Normande , & Lettres à ce contraires : CAR tel eſt notre plaiſir. DONNE' à Verſailles le vingt-neuvieme jour du mois de Juin , l'an

TRAITE'

TRAITÉ
DE LA CONSERVATION
DES GRAINS,
ET EN PARTICULIER
DU FROMENT.

CHAPITRE I.

ESSAI sur la Conservation des Grains. (*)

LA plûpart des Grains fervent à faire du pain, qui eſt
l'aliment le plus néceſſaire à la
vie ; ainſi de quelque nature
qu'ils ſoient, leur conſervation
eſt précieuſe.

(*) Ce Mémoire a été lû à l'Académie
Royale des Sciences le 13. Novembre 1745.

A

Les habitans des villes ne con-
noiſſent preſque que le pain de
froment , & les riches ſouffri-
roient beaucoup ſi celui de fine
fleur leur manquoit ; mais il y a
des provinces entiéres qui ne vivent que de pain fait avec du
ſeigle , de l'orge & du ſarrazin :
même dans les années de diſette,
les payſans ſe trouvent réduits à
ſe nourrir d'avoine , de millet ,
de pois , de féves & d'autres graines légumineuſes.

Ces menus grains , qui , dans
d'autres provinces , ne ſervent
pas à faire du pain, n'y ſont cependant pas moins néceſſaires
pour la nourriture des chevaux,
des troupeaux & des volailles.

C'eſt pour ſubvenir à ces be-
ſoins , que la plus grande partie
des terres eſt occupée à la culture des grains de toute eſpéce ; &
les plus eſtimées ſont celles qui
peuvent fournir du froment, par-

ce qu'entre tous les grains, c'est celui qui fait le meilleur pain, & qu'il peut suppléer à tous les autres, tant pour la nourriture du bétail que pour l'engrais des volailles. C'est ce qui m'a engagé à choisir ce grain pour mes expériences. Néanmoins comme tous les grains sont exposés à souffrir les mêmes altérations que le froment ; comme les mêmes animaux cherchent à les dévorer, les mêmes moyens doivent les défendre & de la voracité des animaux & de la fermentation qui pourroit les endommager. Qui parviendra à bien conserver le froment, saura donc ce qui importe à la conservation de toute autre espéce de grain. On peut même dire qu'en commençant par le froment, on s'est attaché au problême le plus difficile à résoudre, puisqu'on ne connoît point de grain qui ait autant d'attrait

pour les animaux, & qui fermente si aisément. Si on jette à des
volailles un mêlange de froment,
d'orge, de seigle, &c. le froment
sera choisi par préférence : & on
voit dans les brasseries une preuve de la grande disposition que le
froment a à fermenter ; puisque
la biere faite avec l'orge quarré
ou l'escourgeon se garde bien
mieux que celle qui est faite avec
le froment : d'ailleurs tous les
fermiers conviennent que le
froment est de tous les grains le
plus difficile à garder.

Un autre motif m'a engagé à
choisir le froment pour mes expériences ; ma premiere idée,
quand j'entrepris la recherche
dont je vais rendre compte, étoit
de travailler pour l'utilité de la
marine, dans les ports de France où les munitionnaires ont
quelquefois beaucoup de légu-
mes à conserver, & toujours

beaucoup de froment pour les ar-
memens & pour fournir aux Co-
lonies qui n'en recueillent point.

Mais je fentis bien - tôt que
mon travail avoit un objet d'utilité beaucoup plus étendu ; qu'il
pouvoit mettre en état de prévenir en partie les calamités que
les difettes de grains ne manquent pas d'occafionner.

Cette confidération augmenta mon émulation, & me détermina à faire des expériences en
grand, du moins par comparai-
fon à la fituation de mes affaires ;
car j'aurois fouhaité faire mon expérience fur deux mille pieds
cubes, au lieu que je ne l'ai
faite que fur cent. Je ne perds
pas l'efpérance * de me fatisfaire
à cet égard, mais ce que je donne aujourd'hui, pourra engager
des procureurs de riches com-

---

* Les expériences ont été faites en grand,
comme on le verra dans la fuite.

A iij

munautés, des adminiftrateurs de grands hôpitaux, les munitionnaires de la marine ou des armées de terre, & des particuliers aifés, à fuivre des vûes qui tourneront également au bien de l'Etat & à leur avantage particulier.

Il eft certain que la France dans les bonnes années produit plus de grain qu'il n'en faut pour nourrir fes habitans : le vil prix où tombe le froment quand deux ou trois années d'abondance fe fuccédent, prouve cette vérité. Il fembleroit fuivre de-là, que le Royaume ne devroit jamais éprouver de difette, puifque les abondantes récoltes devroient fubvenir aux befoins que les mauvaifes occafionnent. L'expérience eft contraire ; & on voit qu'une feule mauvaife récolte fait monter le froment à un prix exorbitant. En 1739 un fac de ce grain tenant trois mines mesure de Pétitviers, & pesant 240 livres, coûtoit environ 15 liv. & après la foible récolte de 1740 la même quantité de blé monta à 35 liv. Le prix du froment varie quelquefois d'une façon encore plus sensible : je me contenterai d'en rapporter un exemple. En 1708 le sac ne se vendoit à Petitviers que cinq à six livres : quand on sçut que la gelée avoit fait périr les grains en terre , la même quantité valoit cinquante à soixante livres. D'où vient ce changement subit dans le prix de ce grain ? je crois en appercevoir plusieurs raisons.

1°. Les fermiers voyant une perte sensible sur le froment qu'ils vendent , & trouvant plus de profit à élever des volailles , à engraisser des porcs & à faire mieux valoir leurs troupeaux , n'épargnent pas leurs grains pour fe procurer l'avantage qu'ils trouvent de ce côté-là.

2°. Les particuliers qui engraiffent des volailles, augmentent leur négoce, & font une grande confommation de grain.

3°. Beaucoup de gens peu opulens mangent dans les tems d'abondance, du pain de pur froment; au lieu que quand il eft cher, ils vivent en partie d'autres grains : en un mot, le bon marché du froment en augmente beaucoup la confommation, & c'eft autant de ce grain précieux qui ne fe trouve plus dans les années où les récoltes font mauvaifes.

4°. Quand le froment enchérit, bien des particuliers craignant d'en manquer, en font de petites provifions qui font un peu augmenter le prix de ce grain, mais ce n'eft pas un grand mal pour l'Etat; c'eft autant de citoyens qui ne vivent plus du grain qu'on porte ensuite au marché.

5°. Enfin quand le Ministére est informé que les fermiers ne tirant aucun profit de leur récolte, ne peuvent ni payer les subsides, ni fournir aux dépenses qui sont nécessaires pour faire valoir leurs terres ; le Ministére, dis-je, permet qu'on fasse sortir des grains du Royaume, ce qui produit un grand bien quand il vient ensuite des récoltes abondantes ; mais si elles sont mauvaises, la famine est presque inévitable.

A Paris on ne songe guéres à la plûpart de ces causes de disette : on a coutume de s'en prendre à ceux qui font des magazins de froment. Je ne nie pas que l'avarice, ce vice si commun parmi les hommes, n'engage plusieurs à conserver leur grain lorsqu'il est cher & rare, dans l'espérance d'un plus grand profit ; mais ou-

tre que cette efpéce de manie
n'affecte pas tous les hommes,
beaucoup fçavent par expérience
que fouvent le prix du froment
tombe tout d'un coup, & la
crainte d'être privés d'un profit
qu'ils ont dans leurs mains, les
engage à vuider leurs magazins
& à fournir les marchés : d'ailleurs la Police ne manque jamais
de faire des vifites exactes, & de
forcer ceux qui ont des grains à
les porter au marché.

Il eft donc certain que loin de
fe plaindre de ceux qui font des
magazins dans les années d'abondance, il faut les encourager, &
regarder ces tréfors particuliers
comme une grande reffource
pour l'État.

Il y a peu de fermiers qui puiffent conferver pour les années
de difette les grains qu'ils ont récolté ; preffés pour payer leurs
fermages, pour fubvenir à la dé-

penfe néceffaire de leur ferme, encore plus pour fatisfaire aux fubfides, ils font obligés de vendre dans l'année le froment qu'ils ont récolté, même au-deffous du prix qu'il leur a coûté. Rarement ils jouiffent du profit qu'il y a à faire fur les grains : fi leur récolte a été abondante, le froment tombe à un prix fi modique, qu'ils ne retirent pas leur frais ; fi le froment eft cher, c'eft parce que la récolte a manqué, & ils n'ont rien à vendre.

Les Seigneurs dans leurs terres confervent quelquefois le froment de leur revenu ; mais ce font les gens aifés qui peuvent acheter du grain à bon marché, & le garder jufqu'au tems de difette, qui jouiffent d'un bénéfice qui fembleroit appartenir légitimement aux fermiers. N'importe, l'Etat en profite ; ces magazins s'ouvrent à propos, & fubviennent aux befoins.

Le Miniftére a bien connu l'a-
vantage de ces magazins, quand
il a ordonné aux grandes communautés de faire dans les années d'abondance des provifions
capables de les faire fubfifter pendant trois ans. Par ce fage réglement, dont on ne peut affez dé-
firer l'exécution, les communautés bien loin de vuider les
marchés dans les années de difette, peuvent y envoyer la moitié de leurs provifions, qui, en
leur produifant un intérêt confidérable de leurs fonds, fecou-
rent le public.

Mais pour conferver des grains
fuivant l'ufage ordinaire, il faut
d'immenfes greniers bien fecs &
folidement établis, & de la part
de ceux qui font chargés de la
confervation du grain, beaucoup
de probité, d'intelligence &
d'affiduité. Il eft à croire que c'eft

faute d'être pourvû des édifices néceſſaires, ou de trouver des gens attentifs, aſſidus & intelligens, que les magazins ne ſe ſont pas autant multipliés qu'on pourroit le déſirer.

J'eſpére par la méthode que je vais propoſer, obvier à tous ces inconvéniens. On fera tenir beaucoup de grain dans un petit eſpace ; on n'aura point à craindre que le blé s'y échauffe, qu'il y fermente ; il y ſera a l'abri des animaux & des inſectes qui cherchent à s'en nourrir ; on n'aura pas même à craindre l'incapacité ni l'infidélité de ceux qui ſeront employés pour ſa conſervation : tout cela ſans embarras & moyennant une très-petite dépenſe. Mais avant de propoſer mes idées, je dois rapporter ce qui ſe pratique dans les provinces voiſines de Paris. Les inconvéniens de cette méthode ſeront

ailés à appercevoir, & on sera
plus en état de sentir les avantages de celle que nous voulons y
substituer.

Quand on enferme du froment
dans un grenier, pour l'y conserver long-tems, l'usage est de le
mettre seulement à 18 pouces
d'épaisseur ; il est vrai que quand
il est vieux, quand il est très-sec,
quand le grenier est exempt de
toute humidité, & que les poutres sont en état d'en soutenir le
poids, on peut augmenter cette
épaisseur. Mais comme il faut
s'arrêter à quelque chose de fixe,
je choisis cette hauteur pour me
conformer à ce qui se pratique
le plus communément dans les
grands magazins. Pour que le
grain ne porte pas contre le mur,
on a coutume de laisser tout autour du tas un trotoir qui a environ deux pieds de largeur. En
éloignant ainsi le grain, on em-

pêche qu'il ne coule & qu'il ne se
perde par les fentes, qui se font
nécessairement au bord du plancher ; on l'écarte des trous que
font les rats & les souris ; on empêche qu'il ne se mêle avec le
grain beaucoup d'ordures qui
tombent principalement de ces
endroits ; on l'éloigne de l'humidité qui transpire ordinairement
des murailles, ou qui y coule
plus souvent qu'ailleurs par les
défauts de la couverture ; enfin
le grain en est plus exposé à l'air,
& on se ménage un passage pour
vaquer à son entretien. C'est un
usage généralement observé,
qui probablement a paru nécessaire.

Le froment étant ainsi écarté
des murs, les bords du tas forment nécessairement un talus :
l'espace qu'occupe ce talus contient moitié moins de grain que
si les bords du tas étoient à

plomb, & c'eſt encore environ un pied de largeur qui eſt perdu tout autour du grenier ; enfin il faut laiſſer à un des bouts du grenier une eſpace pour remuer le grain : tout cela diminue beaucoup l'emplacement du grenier ; & pour rendre la choſe plus ſenſible , je vais rapporter un exemple.

Je choiſis pour cela un de nos greniers qui a 80 pieds de longueur ſur 21 de largeur , ce qui fait 1680 pieds de ſuperficie : il en faut retrancher pour le trotoir & le talus au moins 3 pieds de chaque côté , ce qui fait 6 pieds de largeur dans toute la longueur du grenier , ou 480 pieds quarrés , qui étant retranchés de 1680 pieds qui faiſoient la ſuperficie entiére de notre grenier , il ne reſte plus que 1200 pieds, ſurquoi il faut encore retrancher au moins 50 pieds, tant pour l'eſpace qui

qui eſt néceſſaire pour remuer le grain, que pour le trotoir qui doit reſter à l'autre bout du grenier : on ne peut donc compter que ſur 1150 pieds quarrés d'emplacement pour mettre le grain ; c'eſt de quoi contenir 1725 pieds cubes de blé, ou environ 1150 mines, meſure de Pethiviers, qui péſeroient 92 milliers.

On peut juger par cet exemple, de l'immenſité des bâtimens qu'il faudroit pour former de grands magazins de froment, & des fonds énormes qui ſeroient néceſſaires pour en établir : le bâtiment qu'on appelle à Lyon, *les greniers de l'abondance*, en fournit encore une preuve.*

Il ſeroit donc avantageux de pouvoir renfermer une grande quantité de froment dans un lieu moins ſpacieux. Nous ferons voir

---

* Je parlerai dans la ſuite de l'étendue de ces greniers.

B

dans la fuite que cela eſt très-poſſible.

Le froment, quoique fec en apparence, contient beaucoup d'humidité. J'ai mis de beau froment nouveau dans des bouteilles de verre bien bouchées : l'humidité qui s'en eſt échappée, a paru aux parois intérieures des bouteilles, & le grain s'eſt moiſi. Je peſai pendant les vacances de 1745, une quantité de froment de la derniére récolte ; je l'expoſai pendant 12 heures à la chaleur d'une étuve, où je fis monter la liqueur du thermométre de M. de Réaumur à 50 degrés au-deſſus de zéro (*a*) : il y perdit un huitiéme de ſon poids, & cependant ce blé n'étoit que deſſéché, puiſqu'en ayant mis en terre il germa (*b*).

(*a*) C'eſt à peu près à ce point que monte la liqueur d'un Thermométre qu'on expoſe au foleil dans les chaleurs de l'Eté.

(*b*) La récolte de 1750. avoit été très-plu-

Je mis pareillement dans une étuve, du froment de la récolte de 1744, avec du menu grain de la récolte de 1742 (*c*). Ayant échauffé l'étuve jufqu'à faire monter la liqueur du thermomètre de M. de Réaumur à 38 degrés au-deffus de zéro, ce qui fait 8 degrés de plus que la chaleur de nos Etés les plus chauds (*d*); les deux efpéces de froment que nous avions mis en expérience, fe trouverent diminués au bout de vingt-quatre heures, l'un & l'autre d'un trente-deuxiéme; on les remit à l'étuve qu'on échauffa fuffifamment pour faire monter le thermomètre à 51 degrés au-deffus de zéro (*e*), & vingt-

vieufe; prefque tous les blés avoient germé en javelles.

(*c*) Les grains de ces deux récoltes avoient été ferrés fort fecs.

(*d*) On compte ici que le Thermomètre eft tenu à l'ombre, comme on le pratique ordinairement pour les obfervations.

(*e*) C'eft à peu près, comme nous l'a-

quatre heures après les deux efpéces de froment avoient diminué, à très-peu de chofes près,
d'un feiziéme. Il eft bon de remarquer , qu'indépendamment
du froment dont je connoiffois le
poids , j'en avois mis, tant du
vieux que du nouveau , une petite quantité à part, pour éprouver à quel degré de chaleur ils
perdroient la propriété de germer; j'en femai qui avoit éprouvé
12 degrés $\frac{1}{2}$ de chaleur, d'autre
qui avoit éprouvé 38 degrés , &
d'autre qui avoit éprouvé 51 degrés : dans tous ces cas le nouveau leva , mais le vieux ne parut point.

Quelque chaleur qu'il faffe
pendant la moiffon , on remarque conftamment que les gerbes
du deffus du tas font plus diffici-

vons dit, le point où monte la *liqueur* d'un
Thermomètre qu'on expofe au foleil dans un
beau jour d'Eté.

les à battre que celle du deſſous , ce qui vient des vapeurs humides qui s'en élévent.

Si on met dans un grenier un gros monceau de froment, & qu'on ſoit long-tems ſans le remuer, ſi ſeulement on en emplit une futaille, on ſent au bout de quelque tems, en fourrant la main dans le grain ainſi amoncelé , une chaleur plus ou moins conſidérable & une legére humidité ; quelque tems après il prend une odeur vineuſe qui devient enſuite aigre , & enfin il ſent le moiſi : en un mot ce grain fermente, il n'eſt plus propre à faire du pain, quelquefois même les volailles n'en veulent plus.

C'eſt pour éviter cette fermentation qu'on met le froment dans les greniers, ſeulement à 18 pouces d'épaiſſeur , & qu'on le remue ſouvent.

Si pendant l'année le froment

a été nourri d'humidité, & s'il a
beaucoup plû pendant la moiſſon,
on eſt obligé de le remuer tous
les trois ou quatre jours ; mais
quand les grains ſont de bonne qualité, & qu'on leur a fait
paſſer la premiére année, il ſuf-
fit de les remuer une fois par
mois ; quelques-uns ſeulement
les font remuer tous les quinze
jours dans les mois de mai, juin,
juillet & août.

Voilà des frais & une attention qui ne laiſſent pas d'être à
charge, ſur-tout pendant l'été
où on a bien d'autres occupa-
tions à la campagne ; néanmoins
il faut que le propriétaire ait l'œil
ſur ſes ouvriers, car indépendamment de la fraude qu'il auroit à craindre, ſur-tout quand
les grains ſont chers, ſouvent
les ouvriers ſe contenteroient de
remuer le deſſus du tas, & le
froment qu'on croiroit avoir été

remué ne le feroit effectivement
pas.

Qui fçauroit épargner ces frais
& ces foins, rendroit la confervation des grains beaucoup plus
aifée ; c'eft ce que nous efpérons
indiquer dans cet ouvrage.

Le froment ne fert pas feulement d'aliment aux hommes, bien
des animaux s'en accommodent
& en font même fingulierement
friands. On n'ignore pas le défordre que caufent dans les greniers les rats, les fouris & les
oifeaux ; mais il femble poffible
de mettre le grain à couvert de
ces animaux ; il faut, dit-on,
bien fermer les paffages, tendre
des piéges, leur préfenter des
alimens empoifonnés : on employe ces moyens fans pouvoir fe
garantir du pillage de ces animaux, qui, indépendamment
du grain dont ils fe nourriffent,
occafionnent encore beaucoup

de déchet par les trous qu'ils font
dans lesquels le grain coule & se
perd. Si le fermier ménage des
paſſages pour les chats, les volailles en profitent, & les chats
contribuent eux - mêmes au déchet par leurs excrémens qui forment des mottes de froment infecté.

Nous aurons donc travaillé
utilement, ſi ſans le ſecours des
chats, & ſans employer ni appas empoiſonnés, ni piéges,
nous ſommes parvenus à n'avoir
rien à craindre de ces animaux.

Les inſectes qui ſe nourriſſent
de froment, ſont un des plus
grands obſtacles à ſa conſervation : les deux principaux ſont
les charanſons & les tignes.
Combien de fois a-t-on invité les
naturaliſtes, les phyſiciens, les
amateurs du bien public, à chercher les moyens d'exterminer
ces inſectes, qui ſe multiplient

quelquefois

quelquefois à un tel point dans les greniers, qu'ils dévorent une partie du grain ! Tous les moyens qu'on a proposé, étoient ou insuffisans ou impraticables ; le seul qu'on met en usage dans notre province, (f) est de passer tout le froment par un crible de fil de fer, une partie du charanson & du grain mangé tombe dans une chaudiére de cuivre qu'on met sous le crible ; mais cette opération, qui ne fait que diminuer le mal, est longue & dispendieuse ; au lieu que nous espérons être en état de proposer des moyens par lesquels on n'aura rien à craindre d'aucune espéce d'insectes, & qui n'occasionneront ni frais ni embarras.

Il s'agit donc, pour rendre la conservation du froment plus aisée ; 1°. d'en renfermer une gran-

(f) Sur les confins du Gâtinois & de la Beausse.

C

de quantité dans un petit emplacement; 2°. de faire enforte qu'il
n'y fermente pas , qu'il ne s'y
échauffe pas , qu'il n'y contracte
pas un mauvais goût ; 3°. de le
garantir de la rapine des rats , des
fouris & des oifeaux, fans l'expo-
fer à être endommagé par les
chats; 4°. enfin de le préferver
des mittes , des tignes , des charanfons , & de toute autre efpéce d'infecte, & tout cela fans
frais & fans embarras. Voyons fi
on peut fatisfaire à tous ces befoins , & rapportons les expériences que nous avons faites à
ce fujet.

Nous avons fait faire avec des
planches de chêne de deux pouces d'épaiffeur un petit grenier ,
ou une grande caiffe qui formoit
un cube d'environ 5 pieds de
côté : à fix pouces du fond ou du
plancher de ce petit grenier ,
nous avons fait placer fur des

lambourdes de cinq pouces d'é-
paisseur un second fond de grillage ou de caillebotis ; sur ce
grillage nous avons fait étendre
une forte toile de cannevas, &
le petit grenier a été rempli comble avec de bon froment : il en a
tenu un peu plus de 94 pieds cubes ou environ 63 mines mesure de Pethiviers , pesant 5040
livres.

Avant que d'aller plus loin , il
est bon de faire remarquer que
dans un pareil grenier qui feroit un cube de 12 pieds de
côté, il tiendroit 1728 pieds cubes de froment ; pendant que
dans le grenier qui nous a servi
d'exemple au commencement
de cet ouvrage, qui a 1680 pieds
quarrés de superficie, il ne peut
tenir , en suivant la méthode ordinaire , que 1725 pieds cubes
de froment.

Voilà une grande économie

fur l'étendue des greniers & fur
la dépenfe qu'il faudroit pour en
établir ; puifqu'avec douze ou
quinze cens livres je puis faire un
pareil grenier très-bon & très-fo-
lide , foit en bois foit en maçonnerie, en pierres de tailles ou
en moëlons bien crépis qui auroit dans œuvre 15 pieds en quarré fur 12 pieds de hauteur ; ce
grenier contiendroit 2700 pieds
cubes de froment, au lieu qu'un
grenier fait à l'ordinaire , pour
contenir cette même quantité ,
couteroit plus de quinze à dix-
huit mille livres. Nous avons
donc fatisfait à la premiére condition , qui confifte à faire tenir
beaucoup de froment dans un
petit efpace, & à beaucoup épargner fur les frais de conftruction
des greniers : reprenons la fuite
de nos expériences.

Le petit grenier étant rempli
comble de grain , on le ferma

avec un plancher de bonnes membrures de chêne qui joignoient affez exactement, pour que les rats & les fouris n'y puffent paffer, pas mêmes les moindres infectes ; on ménagea feulement en plufieurs endroits des foupiraux qui fermoient exactement avec de bonnes trapes : on parlera dans la fuite de l'ufage de ces trapes.

Voilà notre froment renfermé dans un petit efpace, & parfaitement à l'abri des rats, des fouris, des oifeaux, des volailles & même des infectes, fuppofé qu'il n'y en eût ni dans le grenier, ni dans le grain qu'on y a mis : fi on craignoit qu'il y en eût, nous efpérons donner dans la fuite des moyens pour les détruire ; mais auparavant il faut parler des précautions que nous avons prifes pour empêcher qu'il ne fe corrompe étant ainfi renfermé.

Nous l'avons déja dit, il est à craindre que l'humidité qui s'échappe du froment, n'excite une fermentation dans une matiére qui en est très-susceptible; d'ailleurs il m'a paru que de l'air ainsi enfermé pendant long-tems, contracte une mauvaise qualité qui pourroit peut-être altérer le bon grain : mais quelle qu'en soit la cause, il est certain (du moins dans nos provinces,) que le froment renfermé se gâte en fort peu de tems : nous avons rapporté des expériences qui ne laissent aucun doute sur cela. Il nous étoit donc très - important de trouver un moyen de remédier à cet inconvénient ; il falloit de tems en tems renouveller l'air du petit grenier ; il falloit forcer l'air qui se seroit infecté d'en sortir, pour y en faire entrer de nouveau ; il falloit être maître d'établir dans le grenier un courant

d'air qui en pût chaſſer l'humidité ; c'eſt pour produire ces effets
que nous avions établi au fond du
grenier un plancher de grillage
ſur lequel nous avions étendu un
fort canevas. S'il étoit queſtion
de conſtruire un grenier ſolide ,
je mettrois à la place du canevas
un treillis de fil de fer ſemblable
à celui des cribles qui nous ſervent pour nétoyer le froment ,
(g) mais il s'agiſſoit de trouver
un moyen de forcer l'air d'entrer
entre les deux planchers , & de
pénétrer tout le grain , pour ſortir par les ſoupiraux que nous
avions laiſſé au plancher ſupérieur du petit grenier.

J'avois bien penſé à des ſoufflets de forge , mais je ne voulois
pas en employer , à cauſe des
cuirs que les rats qui habitent

____

(g) Nous avons employé avec ſuccès de
ces fortes toiles de crin dont ſe ſervent les
Braſſeurs : on pourroit auſſi ſe ſervir de clayes
d'oſier aſſez ſerrées pour retenir le grain.

C iiij

toujours par préférence les endroits où l'on conſerve du grain, n'auroient pas manqué de ronger : cette même raiſon m'empêchoit de faire uſage d'un ſoufflet en courcaillet, ou cilindrique , imaginé par M. Triewald, Ingénieur du Roi de Suéde , pour renouveller l'air du fond de cale des navires , & que M. le Comte de Maurepas avoit fait venir de Suéde pour en eſſayer l'uſage à la mer.

Sur pluſieurs vaiſſeaux François, on rafraîchit le fond de cale avec une manche de toile qui reſſemble à une chauſſe à hypocras : cette manche s'éléve juſqu'à la hune ; & en préſentant le bout évaſé au vent, l'air s'y porte en grande abondance juſques dans la cale.

J'avois ſongé à appliquer une pareille chauſſe à mon grenier , mais j'appréhendois que l'effort du vent ne fût pas capable de traverſer l'épaiſſeur du tas de grain ; enfin , bien embarraſſé dans le choix, j'étois prêt à faire exécuter un ſoufflet centrifuge ou à moulinet, qui a été perfectionné par M. Téral, & qui eſt gravé dans le recueil des machines preſentées à l'Académie. Ce ſoufflet auroit pû ſatisfaire à ce que je déſirois : mais dans ce tems M. Halés m'envoya un exemplaire de ſon ouvrage , intitulé , *le Ventilateur* : ce célébre phyſicien, qui joint à un eſprit excellent le deſir bien louable de contribuer à tout ce qui peut être utile aux hommes , donne dans l'ouvrage que je viens de citer , la deſcription d'un ſoufflet très-ſimple, qui ne peut être endommagé par les rats , qu'on peut exécuter à peu de frais , & qui me parut préférable à tout autre , parce qu'il eſt plus propre à forcer l'air de se porter où l'on veut.

M. Halés propose ce soufflet pour renouveller l'air de l'entre-pont & de la cale des vaisseaux, des galeries des mines, des salles où il y a beaucoup de malades, des endroits qu'il est important de dessécher, & enfin il indique une façon de s'en servir pour la conservation des grains. Les recherches de M. Halés sur ce point, bien loin de me détourner de suivre celles que j'avois commencées, m'engagerent à les continuer avec plus d'ardeur. La conformité qui se trouvoit dans nos idées générales, m'affermissoit dans celles que j'avois conçues, & me faisoit même bien présumer des moyens que je me proposois de mettre en usage, quoiqu'ils fussent très-différens de ce que propose ce célébre physicien. La disposition de son grenier ne reſſemble point à celle que j'ai employé : M. Halés applique ſon ſoufflet à un grenier ordinaire, & ainſi il ne diminue ni les frais d'établiſſement, ni l'emplacement des greniers, & ſon grain reſte expoſé à la rapine des animaux & aux autres cauſes de dépériſſement dont nous avons parlé ; néanmoins je ne déciderai pas lequel eſt le meilleur. L'ouvrage de M. Halés a été traduit en notre langue par M. Demours de la Société Royale de Londres ; tout le monde peut le conſulter & choiſir. Je rends compte de mes vûes, de mes idées, de mes expériences, & rien de plus : j'invite même ceux qui voudront faire uſage de mes recherches à conſulter le livre de M. Halés, parce que j'ai ſupprimé dans cet ouvrage pluſieurs choſes que j'y aurois inſérées, ſi celui de M. Halés n'avoit pas paru.

Si-tôt que j'eus connoissance
du soufflet de M. Halés, je le
fis exécuter, & je l'appliquai à
mon grenier. Il faut donc s'imaginer un grand soufflet qui prend
l'air du dehors, & qui le porte
entre les deux planchers infé-
rieurs du petit grenier : quand on
veut éventer le froment, on ouvre les soupiraux du dessus du
grenier, & des regiftres que j'ai
mis au porte-vent des soufflets
pour empêcher les rats d'y en-
trer ; (*h*) on fait agir les soufflets,
& le vent traverse si puissam-
ment le froment qu'il fait sortir
de la poussiére par les soupiraux,
& même éléve des grains de froment jusqu'à un pied de hauteur,
quand on ne laisse au-dessus du
grenier qu'une petite ouverture,

(*h*) Au lieu de ces regiftres, j'ai trouvé
plus commode de couvrir les soupapes d'aspiration, avec un treillis de fil d'archal assés
serré, pour empêcher la plus petite souris d'y
pouvoir passer.

par laquelle tout l'air des foufflets doit s'échapper. Comme il
pourroit être nécessaire d'éventer le froment lorsque l'air est
très-chargé d'humidité, afin, en
ce cas, de porter dans le grenier
un air sec, j'ai fait bâtir un petit
fourneau de brique à 10 ou 12
pieds d'éloignement des foufflets; leurs tuyaux d'aspiration
répondent à ce fourneau, dans
lequel on met, quand on juge à
propos, du feu de charbon; alors
les soufflets portent dans le grenier un air chaud & fec. Ce même
fourneau est destiné à d'autres usa-
ges dont nous parlerons quand il
fera question de faire périr les
infectes. (*i*)

Chaque coup de soufflet fait
pafer deux pieds cubes d'air dans
le grenier: on peut donner environ 420 coups de soufflets en

(*i*) J'ai depuis reconnu l'inutilité de ce
fourneau.

cinq minutes; ainſi en faiſant
jouer les ſoufflets pendant huit
heures, ce qui fait une journée
ordinaire, il paſſe 80640 pieds
cubes d'air dans le grenier.

Pour ſçavoir combien de fois
l'air ſe renouvelloit dans le grenier, ſuppoſant qu'on fît agir
les ſoufflets pendant huit heures, j'ai d'abord cherché à connoître combien il y avoit d'air
entre les grains de froment :
pour cela j'ai pris onze meſures de grain vieux que j'ai verſé
tout doucement dans un grand
vaſe de grez qui ſe rétréciſſoit
par en haut pour que l'expérience fût plus exacte ; j'ai enſuite verſé ſuffiſamment d'eau
pour remplir tous les eſpaces
qui étoient entre les grains : il
en a fallu 3 meſures ; ainſi les
eſpaces remplis d'air ſont à ceux
remplis de froment, comme 3 eſt

à 11 (*k*) ; mais quand on suppo-
seroit qu'il y a un tiers du grenier rempli d'air, ce qui aſſûré-
ment eſt exceſſif, on trouveroit
encore que l'air ſe renouvelle
plus de 2600 fois dans l'eſpace
d'une journée ou de huit heures
de travail, même en ne faiſant
agir qu'un ſoufflet, & maintenant
il y en a deux à mon grenier.

J'ai quelquefois enfoncé la
boule d'un thermométre dans
le froment de ce petit grenier,
quand on faiſoit agir les ſoufflets. On voyoit après deux ou
trois minutes la liqueur monter
ſi l'air extérieur étoit fort chaud ;
& elle deſcendoit, ſi l'air du
dehors étoit très-froid : ce qui
prouve que l'air ſe renouvelle

(*k*) J'ai vu depuis l'exécution de cette expérience, que M. Halés ayant cherché la
même choſe par une voie un peu différente, a
conclu que le volume d'air contenu entre les
grains, eſt égal à un ſeptiéme du volume
d'une quantité quelconque de grain.

bien vîte dans ce grenier.

Le froment que j'ai choifi pour mon expérience étoit de bonne qualité : je l'ai fait éventer au plus la valeur de fix jours dans l'efpace d'une année, & je n'ai jamais fait mettre de feu dans le fourneau ; ce qui a néanmoins fuffi pour l'entretenir fi bien, qu'au jugement des connoiffeurs, il eft auffi parfait qu'on en puiffe trouver.

Il y avoit plufieurs mois qu'on n'avoit fait agir les foufflets, lorfqu'un homme très - expérimenté trouva le froment très-fatisfaifant à l'œil & à l'odorat ; mais il lui reprochoit de n'avoir pas *la main*, c'eft-à-dire, d'être un peu humide. On fit jouer les foufflets l'efpace d'une demi-journée, & le froment fe trouva exempt de tout reproche.

Cette épreuve a donc eu tout le fuccès qu'on en pouvoit attendre.

rendre. Le froment n'a pas éprouvé la moindre fermentation : il a conservé toute la bonne qualité qu'il avoit primitivement, il a toujours été à couvert des animaux qui cherchent à s'en nourrir ; & cela sans presque de soins, de peine ni de dépense. Il est vrai que ce grenier est petit, & qu'il faudroit éventer plus souvent & avec de plus grands soufflets des greniers qui seroient plus grands : mais la dépense seroit proportionnelle à la quantité de grain qu'on auroit à conserver ; & si les magazins étoient fort grands, on pourroit faire jouer les soufflets par un petit moulin à la Polonoise, qui, quelque petit qu'il fût, auroit suffisamment de force pour mettre en mouvement trois ou quatre grands soufflets : alors on seroit maître d'éventer le grain si souvent qu'on voudroit, & sans frais.

D

J'ai dit que le froment de la récolte de 1745. étoit tellement chargé d'humidité, qu'il devoit perdre un huitiéme de son poids pour être réputé sec. La grande quantité d'humidité que ce grain contient se fait bien connoître, quand il a resté quelques jours dans les greniers : on la sent en fourrant les mains dans le tas ; on voit que le plancher a aspiré une partie de cette humidité ; & si on ne le remuoit pas fréquemment, le froment se gâteroit. (*l*)

Connoissant par toutes les raisons que je viens de rapporter, que ces fromens seroient très-difficiles à conserver, j'ai cru devoir profiter de cette circonstance pour mettre mon grenier à la plus grande épreuve, en

(*l*) Il faut se rappeller que ce Mémoire a été lû à l'Académie des Sciences le 13. Novembre 1745.

effayant d'y conferver de ce froment humide. C'eft dans cette
vûe que jai fait faire un fecond
grenier tout pareil à celui que
j'ai décrit : je l'ai rempli de froment nouveau en partie germé,
qui étoit extrêmement humide ,
qui avoit commencé à s'échauffer dans le grenier, & qui y avoit
contracté une mauvaife odeur
que je ne puis mieux comparer qu'à celle d'un poulaillier
qu'on nétoye. Je fuis déja parvenu à lui ôter la chaleur qu'il
avoit, & à diffiper en partie fa
mauvaife odeur, en le faifant
éventer fréquemment. (*m*)

Il me refte à rendre compte
des expériences que j'ai faites
pour détruire les infectes. Dans
cette vûe j'ai fait faire de très-
petits greniers qui contiennent
feulement quatre pieds cubes

____

(*m*) La fuite de cette expérience fe trouvera dans le courant de l'Ouvrage.

D ij

de froment : J'y ai renfermé le froment avec les infectes qu'il eſt queſtion de détruire, & j'y ai appliqué un petit foufflet. Mes premiéres expériences n'ont pas eu un bon fuccès : j'en ai fait d'autres qui m'en promettent un meilleur : mais plutôt que d'avancer des chofes hafardées, j'ai cru devoir différer quelque tems à rendre compte à l'Académie de mon travail, & je le fais d'autant plus volontiers, qu'il me refte encore bien des chofes à exécuter fur la confervation des grains de toute efpéce. Ce que je donne aujourd'hui ne doit donc être regardé que comme le commencement d'un travail plus confidérable que je me propofe de fuivre, fi les dépenfes que je ferai obligé de faire n'y mettent pas un obftacle invincible.

RᴇᴍᴀʀQᴜᴇꜱ.

Le Mémoire précédent eſt fort abrégé, parce qu'il étoit deſtiné a être lû à l'Aſſemblée publique d'après Pâques de l'année 1745. Néanmoins on y apperçoit le cannevas d'une recherche conſidérable ſur un objet des plus intéreſſans; puiſqu'il s'y agit de la réſolution d'un problême d'agriculture qui peut mettre en état de prévenir les diſettes de grains qui font la partie principale de notre nourriture. Voici l'énoncé de ce Problême.

Conſerver beaucoup de froment dans le plus petit eſpace poſſible, ſi long-tems qu'on voudra, à peu de frais, ſans déchet, n'étant expoſé ni aux oiſeaux ni aux inſectes, ſans qu'il puiſſe s'en perdre par les trémies qui ſont preſque

inévitables avec les greniers ordi-
naires ; enfin étant à l'abri de tout
larcin, même de la part du gar-
dien qui fera feul chargé de leur
confervation.

Quoique nous n'ayons tou-
ché que fuperficiellement la
grande utilité de cette recherche, nous regardons comme fu-
perflu d'infifter fur une vérité qui
eft trop frappante, pour qu'elle
puiffe fouffrir la moindre con-
tradiction. Effectivement, il eft
inconteftable que le froment eft
quelquefois fi abondant dans le
Royaume, qu'il tombe à un
prix trop modique, pour que
les fermiers puiffent retirer de
leur vente les avances qu'ils ont
faites. C'eft alors un tems dont
il conviendroit de profiter pour
faire des magazins, qui en s'ouvrant à propos, feroient un
moyen sûr pour prévenir les difettes ; mais ce moyen ne fera

pratiquable, qu'autant qu'on pourra conserver les grains sans frais & sans déchet : c'est l'objet de nos recherches & le sujet de ce petit ouvrage.

Quoique nous ayons assez bien prouvé, qu'en suivant notre méthode, les grains peuvent être renfermés dans le plus petit espace possible, nous ne pourrons pas nous dispenser de dire encore quelque chose de cet avantage, lorsque nous parlerons des différentes formes qu'on peut donner aux greniers pour des approvisionnemens plus ou moins considérables.

Les bornes prescrites pour les Mémoires qui doivent être lûs aux Assemblées publiques, nous ont mis dans la nécessité de passer trop légérement sur le détail de nos expériences. Nous devons suppléer à ces omissions, & exposer toutes les circonstances de nos différentes épreuves ; pour faire appercevoir comment nous avons préservé de la corruption de grosses masses de froment sans les remuer ; comment nous l'avons garanti de la rapine de différens animaux qui cherchent à s'en nourrir ; & par quelle industrie nous avons rempli ces différentes vûes, en diminuant considérablement les soins & les frais qu'exige la méthode qu'on suit ordinairement. Mais pour faire mieux appercevoir la liaison qui se trouve entre nos différentes expériences, il convient de faire précéder les détails par une histoire abrégée de tout notre travail; elle fera appercevoir les vûes principales qui en ont fourni la trame.

CHAPITRE

CHAPITRE II.

IDE'ES générales de nos recherches sur la conservation des grains, & les expériences qui ont été faites en conséquence.

QUOIQUE je n'aye commencé qu'en 1745. à faire part au public de mes idées sur la conservation des grains, on peut juger que j'étois déja occupé de cet objet long-tems auparavant. L'exécution des expériences rapportées dans le Mémoire précédent, en font une preuve suffisante.

La position de nos terres sur les limites des provinces de Beauce & du Gâtinois qui produisent l'une & l'autre beau-

E

coup de grain, me mettoit à portée d'appercevoir les défauts des pratiques qui y font établies pour la confervation des grains.

Une médiocre quantité de froment répandue dans de vaftes greniers y eft expofée à la rapine d'une infinité d'animaux qui en font leur nourriture; & quoique le grain ne foit mis dans ces greniers qu'à une petite épaiffeur, il couroit rifque de s'y gâter, fi on négligeoit de le remuer fréquemment & de le paffer de tems en tems par le crible.

On voit par ce qui eft dit dans le Chapitre précédent, que je crus remédier à ces inconvéniens, en renfermant le froment dans un lieu affez exactement fermé, pour qu'il n'eût aucune communication avec l'air extérieur.

Cette pratique qui réuffit dans

la Gafcogne, dans le Vivarez & dans d'autres pays, me paroiſſoit devoir être établie dans notre province ; mais quelques expériences m'apprirent bientôt qu'elle ne convient qu'aux pays chauds, & qu'elle ne peut réuſ-fir dans notre climat.

Nous étions bien prévenus qu'une quantité de froment s'é-toit gâtée dans une eſpéce de cîterne que les adminiſtrateurs de l'Hôpital de Paris avoient fait bâtir exprès, & remplir de grain; mais nous ſoupçonnions qu'on pouvoit attribuer ce mau-vais ſuccès à l'humidité de ce caveau qui avoit été rempli avant d'être parfaitement deſſé-ché. Cette raiſon peut bien avoir lieu dans l'épreuve de l'Hôpi-tal; mais je ſuis certain qu'in-dépendamment de l'humidité des murs, le froment qu'on re-colte dans nos provinces con-

tracte une mauvaiſe odeur, & devient incapable de faire de bon
pain, quand on le conſerve en
groſſe maſſe dans des endroits
qui n'ont aucune communication avec l'air extérieur.

En réfléchiſſant ſur la cauſe
de cet accident, nous ſoupçon-
nâmes que le ſoleil de nos provinces n'avoit pas aſſez d'action
pour diſſiper toute l'humidité du
froment, & qu'il en reſtoit aſſez
dans les grains pour les faire
fermenter.

Cette conjecture devint pour
nous une certitude, quand nous
vîmes, (comme il eſt dit dans
le Mémoire lû à l'Académie,)
que du froment de différentes
récoltes perdoit dans l'étuve une
partie conſidérable de ſon poids,
ſans qu'il eût ſouffert aucune altération, puiſqu'au ſortir de l'é-
tuve il germoit très-bien.

Il étoit naturel de conclure

de ces expériences , que pour
parvenir à conferver nos fromens en groffes maffes, il falloit leur enlever cette humidité
fuperflue, & les réduire au dé-
gré de féchereffe qu'ont appa-
remment les grains des pays plus
chauds que le nôtre.

Les expériences déja faites
dans la petite étuve nous four-
niffoient un moyen de bien deffécher les grains fans leur cau-
fer aucun dommage ; mais il
nous vint dans la penfée qu'on
pourroit encore y parvenir, en
établiffant dans le grenier un
courant d'air qui traverferoit
toute la maffe de grain ; car
nous difions : » Que fait-on ,
» quand on remue le froment à
» la pelle ? On le fait paffer dans
» une maffe d'air qui le deffèche
» & qui emporte une petite at-
» mofphére d'air qui enveloppe
» chaque grain. Or, ne doit-on

» pas espérer de produire un ef-
» fet pareil en introduisant l'air
» entre les grains : dans ce cas ,
» comme dans le précédent , le
» nouvel air doit dissiper l'humi-
» dité & chasser l'air infecté ,
» supposé qu'il y en ait. »

Comme nous mettions dans ces idées plus de confiance que peut-être elles ne méritoient , nous nous pressâmes de faire construire la grande caisse dont il est parlé dans le Mémoire lû à l'Académie. Elle fut remplie comble de froment , & on y appliquoit des soufflets centrifuges , quand M. Hales , ce célébre Physicien qui ne compte de tems bien employé que celui qui peut contribuer au bien des hommes , m'envoya son ouvrage intitulé *Le Ventilateur* , dans lequel je trouvai la description d'un soufflet qu'il proposoit principalement pour renouveller l'air de la calle des navires, des prisons & des salles des Hôpitaux. Ce soufflet qui est d'une construction simple, d'un usage facile, & qui a assez de solidité pour être confié sans risque aux gens les plus grossiers, fut appliqué à notre petit grenier. Les bons effets du renouvellement de l'air dans les greniers furent constatés par plusieurs épreuves faites d'abord en petit, ensuite sur de plus grosses masses, & avec du froment de différente qualité.

Nous passâmes ensuite à éprouver s'il étoit possible de conserver les grains desséchés dans l'étuve. Le succès de ces différentes expériences m'engage à publier avec confiance une méthode de conserver les grains, par laquelle on sera en état de satisfaire à toutes les conditions du problême énoncé dans l'article précédent.

E iiij

Je dois néanmoins avertir que j'en uferai à l'égard de la confervation des grains, comme j'ai fait à l'occafion de leur culture. Je continuerai mes recherches, j'aurai foin d'informer le public de leur fuccès, & j'ai la préfomption d'efpérer qu'il fe trouvera des amateurs du bien public, qui prendront la peine de m'informer de la réuffite des épreuves qu'ils auront faites.

Expérience faite fur 94 pieds cubes de froment non étuvé, qui a été confervé pendant plus de fix ans avec la feule précaution de l'éventer de tems en tems. (a)

Vers le mois de Mai 1743 on mit dans un de nos petits greniers (*Pl. V. Fig.* 1. & 3.) 94 pieds cubes de pur froment de

______

(a) Le commencement de cette expérience eft rapporté dans le Mémoire qui a été lû à l'Académie.

la récolte de 1742. Ce blé étoit d'une excellente qualité, net de graines, exempt de nielle & de charbon, bien fec, n'ayant perdu qu'un feiziéme de fon poids dans l'étuve dont la chaleur étoit de 50 degrés du thermométre de M. de Reaumur; enfin il étoit exempt de toute efpéce d'infecte. Ce froment fut foigneufement nétoyé de pouffiere & dépofé dans le grenier de confervation fans avoir été étuvé.

Les trois premiers mois on l'éventoit pendant 8 heures une fois tous les quinze jours. Le refte de l'année 1743 & pendant tout 1744, on l'éventoit une fois tous les mois. Durant 1745 & une partie de 1746 on ne l'évantoit qu'une demi-journée tous les mois, & enfuite on ne l'évantoit plus qu'une fois tous les deux ou trois mois.

Dans le mois de Juin 1750 on

vuida ce grenier : le froment se trouva très-satisfaisant à l'œil & à l'odorat ; mais il étoit un peu rude à la main, parce que ce grain n'ayant pas été remué depuis 6 ans qu'il avoit été déposé dans ce grenier, les petits poils qui sont à l'extrémité des grains & les particules du son, s'étoient hérissées. On le passa deux fois au crible à vent dont je parlerai dans la suite, & ce froment se trouva exempt de tout reproche.

Je puis me dispenser de rappeller ici une observation qui est rapportée dans le Mémoire de l'Académie, qui prouve combien l'air a de puissance pour dissiper l'humidité ; mais je ne dois pas négliger de répéter que le fourneau que j'avois fait construire pour dessécher l'air que je devois introduire dans mes greniers, est tout-à-fait inutile, non-seulement parce qu'on peut

choisir pour faire jouer les soufflets un tems où l'air est bien sec,
mais encore parce que l'air à la
propriété de se charger de beaucoup d'eau : on voit les linges
mouillés se dessécher très - vîte
quand on les expose au vent,
même lorsque l'air est humide :
enfin nous n'avons point fait usage du fourneau, & bien loin d'ê-
tre trop attentif à choisir des jours
sereins, l'homme qui étoit chargé de faire agir les soufflets, em-
ployoit volontiers à ce travail les
jours de pluie qui l'empêchoient
de faire d'autres ouvrages, & notre grain malgré cela s'est très-
bien conservé, & sans déchet
sensible ; car les 94 pieds cubes
qui avoient été mis dans ce grenier en 1743, en ont été tirés
en 1750 à un demi-pied cube
près ; ce qui peut être regardé
comme une égalité, puisque le
mesurage à la mine ne peut pas

indiquer précisément une diffé-rence qui n'est que d'$\frac{1}{188}$. De plus, il n'y avoit dans ce froment ni tignes ni charanfons, quoique les grains confervés à l'ordinaire euffent été tellement endommagés par ces infectes, fur-tout pendant les années 1745 & 1746, que prefque tout le monde avoit été obligé de vuider fes greniers, quoique le froment fût à affez bas prix.

Nous fîmes moudre de ce grain pour en faire du pain & de la pâtifferie qui fe trouva très-bonne ; mais pour être plus certain de la qualité de ce grain, nous le fîmes vendre au mar-ché, ayant eu la précaution de recommander à celui qui étoit chargé de cette vente, de ne le vendre que par petites par-ties aux boulangers de la ville, fans leur dire de quelle façon ce froment avoit été confervé, pour éviter l'effet des préjugés.

Ce grain fut vendu le plus cher du marché. Les boulangers qui en avoient acheté la premiére fois continuerent à s'en fournir ; & quand cette petite provision fut finie, ils avouerent que ce froment produifoit une très-belle fleur, qu'il buvoit beaucoup d'eau lorfqu'on le paîtriffoit, & qu'il fourniffoit plus de pain que les autres grains du marché.

REMARQUES.

On voit dans cette expérience du froment de huit ans qui a été confervé dans nos greniers pendant fept années fans avoir perdu de fa qualité, fans déchet fenfible & fans avoir été endommagé par aucun animal. On ne peut pas ajouter *fans frais*, puifqu'on a été obligé d'employer de tems en tems un homme pour l'éventer; mais on verra dans la suite qu'il eſt fort aiſé de réduire preſque à rien cette petite dépenſe.

Nous avons eu ſoin d'avertir que le froment que nous avons employé pour cette épreuve étoit d'une excellente qualité, que c'étoit du froment vieux & auſſi ſec que les grains de notre province peuvent l'être. Si notre méthode n'étoit praticable que pour des grains auſſi parfaits, on feroit ſouvent dans le cas de n'en pouvoir faire uſage; ainſi pour mettre notre méthode à la plus grande épreuve, nous jugeâmes qu'il étoit à propos de répéter cette même expérience ſur des fromens défectueux: c'eſt l'objet de l'article ſuivant dont il eſt dit quelque choſe dans le Mémoire qui a été lû à l'Académie.

Expérience faite sur 75 pieds cubes de froment nouveau extrêmement humide, germé, & qui avoit contracté une mauvaise odeur. (b)

La moisson de l'année 1745 fut extrêmement pluvieuse : presque tous les fromens germerent dans l'épi, les gerbes qu'on engrangeoit étoient extrêmement humides, les grains s'écrasoient sous le fléau plutôt que de quitter la paille ; & pour peu de tems qu'ils restassent sur l'aire de la grange, avant que d'être nétoyés, ils s'échauffoient & contractoient une odeur semblable à celle du fumier de pigeon.

Ces fromens étoient si humides, qu'ils perdoient dans l'étuve échauffée à 50 degrés, un huitiéme de leur poids.

(b) Le commencement de cette expérience a été rapporté dans le Mémoire lû à l'Académie.

On ne les mettoit dans les greniers ordinaires qu'à un pied d'épaiſſeur, on les remuoit tous les 4 à 5 jours, & malgré ces attentions ils étoient toujours dans un état de fermentation qui ſe faiſoit connoître par la chaleur qui regnoit dans le tas, & par la mauvaiſe odeur qui ſe répandoit dans les greniers.

Soixante-quinze pieds cubes de ce froment germé qui ſentoit fort mauvais, & qui étoit ſi humide, qu'il mouilloit le plancher des greniers où il avoit ſeulement repoſé quelques jours, furent mis en cet état, & ſans avoir paſſé par l'étuve, dans un de nos petits greniers. (*Pl. V. Fig.* 1 *&* 3.) J'avoue que nous n'avions aucune eſpérance de pouvoir l'y conſerver, mais il falloit conſtater ce que les ſoufflets pourroient opérer ſur du grain auſſi défectueux.

Comme

Comme ce grain étoit fort chaud quand on le mit dans notre grenier, on l'éventa trois ou quatre fois dans la premiére femaine ; on l'éventa une fois tous les huit jours pendant les mois de Décembre & de Janvier : comme alors il étoit devenu frais, & comme il avoit perdu une partie de fa mauvaife odeur, on ne l'éventa plus qu'une fois tous les 15 jours jufqu'au mois de Juin.

Alors, comme on s'apperçut en fourrant la main dans le deffus du tas qu'il s'échauffoit, on crut qu'il alloit fe corrompre entiérement, ce qui détermina à vuider ce petit grenier ; mais quand on eut ôté environ un pied d'épaiffeur de deffus le tas, nous fûmes agréablement furpris de trouver le refte frais fans beaucoup d'odeur, & plus fec que celui qui avoit été confervé dans les greniers ordinaires :

F

de forte qu'après un peu de ré-flexion nous eumes regret d'avoir vuidé ce grenier, ou vraifemblablement le grain fe feroit confervé.

Effectivement, pourquoi le deffus du tas étoit-il plus altéré que le refte? C'eft certainement parce que l'humidité qui s'échappoit en vapeur s'étoit portée vers le haut : ainfi il eft trèsvrai-femblable que, fi au lieu de vuider ce grenier, on eût pris le parti de l'éventer plus fouvent, l'humidité qui s'étoit raffemblée à la partie fupérieure, fe feroit diffipée entiérement.

Mais cette expérience nous apprend une chofe qu'il eft important de ne pas ignorer ; fçavoir, que dans ces fortes de greniers, c'eft le haut du tas qui eft le plus fujet à s'altérer ; de forte que fi le grain qu'on tire par les foupiraux eft en bon état,

on en doit conclure avantageu-
fement de tout le refte, & ce
n'eft pas un petit avantage que
d'avoir fous les yeux & à portée de la main, la partie du tas
qui a fouffert la plus grande altération. Il n'en eft pas de même dans les greniers ordinaires,
le deffus du tas étant expofé à
l'air, eft ordinairement plus fec
& en meilleur état que le dedans.

REMARQUES.

Nous allons interrompre l'ordre des dates de nos expériences, pour rapprocher les unes
des autres toutes celles qui ont
pour objet de conftater fi l'air
feul fuffit pour conferver le froment.

Nous avions des raifons &
des expériences plus qu'il ne
nous en falloit, pour être certains qu'on peut, au moyen d'un

courant d'air établi de tems en tems dans nos greniers, y conferver très-parfaitement du froment qui feroit de bonne qualité. Nous avions même de fortes préfomptions de croire qu'il feroit poffible d'y conferver du grain humide, pourvû que les greniers fuffent petits, & qu'on eût foin de faire jouer les foufflets plus ou moins fouvent, felon que le grain feroit plus ou moins humide ; mais il falloit tenter des épreuves fur de plus groffes maffes, & avec du froment, qui étant récolté dans une année humide, feroit difficile à conferver, même par la méthode ordinaire.

Ces circonftances fe préfentérent en 1750. Le froment fur pied avoit été nourri d'humidité, la moiffon avoit été pluvieufe, & toute l'année 1751 ayant été fort humide, quelque atten-

tion qu'on eût à remuer fréquemment les grains confervés
à l'ordinaire, ils ne fe deffé-
choient pas ; & pour peu qu'on
tardât à les remuer, ils s'échauffoient & contractoient une mauvaife odeur. D'ailleurs, les fromens de cette récolte étoient
mêlés de beaucoup de nielle &
de charbon. Ces grains altérés
contiennent beaucoup d'humidité qu'ils perdent difficilement :
pour peu néanmoins qu'ils en
confervent, ils contractent bien-
tôt une mauvaife odeur qui fe
communique au bon grain. Toutes ces raifons rendoient le froment de la récolte de 1750 fi difficile à conferver, qu'avec des
attentions particuliéres nous n'a-
vons pû empêcher ceux que
nous avions dans les greniers ordinaires, de contracter un peu
d'odeur, & que la plûpart des
fermiers fe font crus obligés de

le vendre à bas prix ; parce que ceux qui font des magazins de froment n'ofoient fe charger des grains de cette récolte, appréhendant de les perdre. C'eft néanmoins avec ces fromens défectueux que nous avons fait l'expérience fuivante.

Expérience fur 555 pieds cubes de froment humide, difficile à conferver, & que nous avons mis dans nos greniers fans être étuvés.

Pour peu qu'on ait pris une légére idée de la conftruction de nos greniers, & de la méthode que nous propofons pour conferver le froment, on conviendra qu'il eft important de le nétoyer avec tout le foin poffible avant de le mettre dans nos greniers, puifque quand une fois il y eft renfermé, il n'y a plus moyen de le cribler jufqu'à ce qu'on l'en tire : il faut sur-tout ôter très-soigneusement tous les grains niellés & charbonnés ; car nous sçavons par nos propres expériences qu'ils ne manqueroient pas de communiquer une mauvaise odeur à tout le grain.

Nous prétâmes donc une singuliére attention à bien nétoyer les 555 pieds cubes de froment que nous nous proposions de renfermer dans un de nos greniers, & nous y réussîmes si parfaitement, que ce grain, qui au sortir de la grange étoit mêlé d'$\frac{1}{6}$ de nielle ou de charbon, n'en avoit presque aucune impression quand nous le déposâmes dans un de nos greniers ; mais il ne nous fut pas possible d'enlever une poussiére fine que l'humidité attachoit trop intimement au grain.

Ce froment nétoyé autant qu'il

pouvoit l'être, fut mis, à l'épaisseur de $4\frac{1}{2}$ à 5 pieds, dans un de nos greniers, dont les soufflets étoient mûs par un moulin à vent.

On n'a pas manqué de vent pendant toute l'année 1751 jusqu'au printems de 1752; & comme il n'en coutoit ni soin ni dépense pour faire jouer les soufflets, le froment étoit souvent éventé : il s'est très-bien conservé, & l'air des soufflets l'a non-seulement desséché, mais il lui a fait perdre une partie de la mauvaise odeur qu'il avoit quand on l'a renfermé.

Il est vrai qu'au sortir du grenier ce froment étoit très-chargé d'une poussiére fine qui s'étoit détachée des grains à mesure que l'humidité s'étoit dissipée ; mais après qu'il a été passé au crible à vent, on l'a trouvé de très-bonne qualité, & les boulangers

boulangers l'ont acheté sur le pied du beau froment qui étoit au marché.

REMARQUES.

On vient de voir que du grain fort humide, & qui avoit une grande disposition à fermenter, s'est très-bien conservé dans nos greniers par la seule précaution de l'éventer fréquemment. Néanmoins il seroit dangereux de prendre trop de confiance à cette expérience ; car, si vers le mois de Juin, quand, pour ainsi dire, tout fermente dans la nature, il étoit survenu un calme qui eût tenu notre moulin dans l'inaction pendant un mois ou cinq semaines, il est probable que ce grain humide se seroit corrompu : ainsi, pour ne rien risquer, il faut prendre un des deux partis que je vais indiquer.

G

PREMIERE METHODE.

Il ne faut point mettre de froment nouveau dans les greniers de conservation ; mais au sortir de la grange on le mettra dans un grenier ordinaire que je nomme, *de dépôt*, où on le remuera souvent, on le passera dans les différens cribles dont nous parlerons dans la suite, & on emploiera tous les moyens possibles pour bien nétoyer ce froment, qui perdra par ces opérations une partie de son humidité, de sorte que le froment récolté en 1740, ne pourra être mis dans nos greniers de conservation, qu'aux mois de juillet, août, septembre ou octobre 1741 ; on aura ainsi suffisamment de tems pour bien nétoyer les grains & pour leur procurer un degré de sécheresse qui les rendra aisés à conserver.

Cette méthode sera suffisante pour les fermiers & les seigneurs, qui n'ont à conserver que le grain de leur récolte & des revenus de leurs Seigneuries, dixmes, champarts, rentes en grains &c. Il n'y en a point qui n'ayent assez de greniers pour contenir la récolte d'une année ; ainsi les greniers de dépot ne leur manquent pas. Mais quand plusieurs années de grande récolte se succédent, ils ne savent que faire de leur grain ; c'est dans ce cas que le grenier de conservation leur sera nécessaire, & ils le peuvent faire assez grand pour conserver du grain de cinq à six années : alors chaque année le grenier de dépôt étant vuidé dans le grenier de conservation, ils conserveront leurs grains sans soin, sans déchet & sans frais.

Il faut convenir que le moyen que nous venons de proposer, ne feroit pas d'une grande utilité à ceux qui voudroient faire de grands magazins de froment : car dans ce cas il faut profiter des circonſtances ; on a de l'argent qu'on veut employer ; il ſe préſente des tems où le froment eſt à vil prix , il en faut profiter ; ſi on achete beaucoup de froment nouveau, il faudra des greniers de dépôt d'une étendue énorme ; heureuſement il eſt poſſible de précipiter le deſſéchement du froment, & de le mettre promptement en état d'être tiré du grenier de dépôt, & verſé ſans crainte ·dans celui de conſervation.

SECONDE MÉTHODE.

On ne peut ſe diſpenſer d'avoir un grenier de dépôt pour y nétoyer le froment avant de le renfermer dans le grenier de conſervation ; mais ſi - tôt que ce

grain fera bien net, on le paffera
dans une étuve dont nous donne-
rons la defcription ; car par cette
feule opération qui n'eft ni em-
barraffante, ni coûteufe, on rendra en fort peu de tems le froment plus fec que fi on l'avoit
confervé un an dans le grenier
de dépôt : ainfi au fortir de l'é-
tuve, il ne fera plus queftion que
de le paffer une fois au crible à
vent pour le refroidir & ôter la
poufliére qui fe fera détachée du
froment, à mefure qu'il aura perdu fon humidité ; en cet état on
pourra le dépofer avec confiance
dans les greniers de confervation,
c'eft ce que nous allons prouver
par plufieurs expériences.

*EXPERIENCE fur 90 pieds cubes
de beau froment étuvé qui a été
confervé fans avoir été éventé.*

Ce froment avoit été nétoyé
avec tout le foin poffible ; auffi,

G iij

quoique dans le tems de la récolte, il fut mêlé de nielle & fort chargé de poussiére, on étoit parvenu à le rendre fort net, & en cet état on ne pouvoit lui reprocher que d'être humide.

Pour le dessécher on le passa à l'étuve, comme nous le dirons dans la suite, & quand on le jugea suffisamment sec, on le déposa dans un de nos petits greniers qu'on ferma bien exactement.

Nous avions eu la précaution d'y adapter deux soufflets pour y avoir recours, supposé qu'il vînt à s'échauffer ; mais cette précaution fut superflue, car le froment se conserva fort bien sans avoir jamais été éventé.

Je ne dois pas négliger d'avertir que ce froment avoit perdu dans l'étuve une petite odeur désagréable qu'il avoit avant d'en avoir éprouvé la chaleur.

REMARQUE.

On voit par l'expérience précédente que du froment bien
desséché & bien nétoyé peut
se passer d'être éventé : il ne sera
pas hors de propos de faire voir
combien il est important de bien
nétoyer le froment avant que de
le renfermer dans les greniers de
conservation.

*EXPERIENCE sur 75 pieds cubes de
petit froment mêlé de noir qui
a été étuvé & non éventé.*

Nos différens cribles avoient
séparé le beau & gros froment
d'avec le petit, & nous étions
parvenus à rendre le gros froment bien net de nielle & de
charbon, mais il ne nous avoit
pas été possible de nétoyer aussi-
bien le petit ; il restoit dans ce-
lui-ci des grains noirs avec beaucoup de poussiére, & l'étuve ne

put lui emporter toute sa mauvaise odeur , comme elle avoit fait au gros froment.

Nous étions bien assurés qu'en éventant fréquemment ce petit froment , nous serions parvenus à lui ôter cette mauvaise odeur , ou du moins à empêcher qu'elle n'augmentât; mais comme il s'agissoit de constater les effets de l'étuve , il fut décidé qu'on n'éventeroit ce froment qu'en cas qu'on s'apperçût qu'il fût prêt à se corrompre entiérement : on n'a pas été dans ce cas ; mais la mauvaise odeur avoit tellement augmenté , qu'au sortir du grenier , on fut contraint de le repasser à l'étuve, & de le cribler à plusieurs reprises. Avec ces précautions on le mit en état de faire du pain assez bon.

REMARQUES.

Cette expérience fait voir 1°,

qu'il est important de bien nétoyer les grains avant de les renfermer dans le grenier de conservation, & qu'il y a des cas où il
est avantageux de joindre l'action des soufflets au desséchement
de l'étuve. 2°. Que du froment
qui a contracté une mauvaise
odeur, peut être rétabli au moyen
de l'étuve & du crible à vent.

*EXPERIENCE faite sur 825 pieds
cubes de beau froment qu'on a légérement étuvé & qu'on a éventé
de tems en tems.*

Etant parvenus par les expériences que nous venons de rapporter, à connoître qu'on peut
conserver de bon froment fort
net, lorsqu'on l'a bien desséché
par l'étuve, sans qu'on soit obligé
de l'éventer, & qu'il est également possible de conserver de
bon froment, passablement sec,
pourvû qu'on ait soin de l'éven-

ter de tems en tems, nous crû-
mes qu'il feroit avantageux (fur-
tout pour les grands magazins)
de réunir les deux moyens.

Nous fimes, pour nous en affurer, étuver médiocrement 825
pieds cubes de gros froment bien
nétoyé : il étoit de la récolte de
1750, & par conféquent d'une
médiocre qualité ; au fortir de
l'étuve, il fut mis dans un grenier de confervation à l'épaiffeur
de 6 à 7 pieds, & ce grenier
étoit à portée d'être éventé par
les foufflets que notre moulin à
vent faifoit jouer. (*c*)

D'abord ce froment avoit une
mauvaife odeur qui ne fe diffipa
qu'en partie à l'étuve, mais elle
fe perdit entiérement par l'attention qu'on eut de l'éventer ;
ainfi ce froment s'eft non-feulement bien confervé, mais de

(*c*) On trouvera dans la fuite la defcription
de ce moulin.

plus il s'est amélioré, & il est devenu de si bonne qualité, que
les boulangers le préféroient à
tout autre, & l'achetoient vingt
sols par sac plus cher que le même froment conservé à l'ordinaire.

REMARQUES.

1°. Nous regardons comme
très-avantageux de réunir le desséchement de l'étuve à l'action
des soufflets, non-seulement parce que la conservation en est
bien plus parfaite & plus sûre,
mais encore parce qu'elle est
plus aisée ; car si on ne veut pas
employer les soufflets, il faut
que le desséchement soit parfait,
& alors il faut tenir l'étuve à 50
degrés de chaleur pendant 8 ou
10 heures, & laisser le froment
dans l'étuve pendant 48 heures,
ce qui est long & pénible ; si l'on
veut se passer de l'étuve, il faut

faire jouer les foufflets bien fréquemment ; mais en employant
les deux moyens, on s'épargne
ces foins, & on s'affure de la réuffite.

2°. Dans toutes nos épreuves,
nos grains n'ont jamais été endommagés, ni par les teignes,
ni par les charanfons, quoique
dans les années qu'on les exécu-
toit, ces infectes fiffent beaucoup
de défordre dans les greniers ordinaires. C'étoit à la vérité un
pronoftic avantageux pour nos
greniers ; mais on auroit tort d'en
conclure affirmativement que les
grains qui y font renfermés font
entiérement à couvert de ces infectes : car l'attention que nous
avions eue de ne mettre dans nos
greniers que des grains foigneufement nétoyés, peut faire croire que ceux que nous y renfer-
mions étoient exempts de toute
efpéce d'infectes, & ces grains

étant exactement renfermés, é-
toient inacceffibles à ces petits
animaux; mais les attentions que
nous avons apportées pour nos
expériences n'étant guéres prati-
quables pour de grands approvi-
fionnemens, on auroit lieu de
craindre que quelques-uns de ces
infectes qui fe feroient par hazard
gliffés dans le bon grain, ne vinf-
fent à fe multiplier dans l'intérieur de nos greniers, où ils feroient d'autant plus dangereux
que ces grains ne doivent jamais
être remués. Ces réflexions nous
déterminerent à faire les expériences que nous allons rapporter.

*Experience faite fur 7 5 pieds cu-
bes de froment chargé de beaucoup de teignes.*

Quand l'air eft fort chaud, lé
printemps & l'été, on voit quelquefois voltiger aux fenêtres des
greniers une prodigieufe quan-

tité de petits papillons gris; les mâles s'accouplent avec les femelles, & celles-ci vont dépoſer leurs œufs ſur les tas de froment.

Il ſort de ces œufs ce que les fermiers appellent des vers; mais ce ſont de véritables teignes qui ont une tête écailleuſe, deux ſerres & ſix pattes.

Ces teignes ſe nourriſſent du froment (& comme tous les animaux du même genre) elles filent de la ſoie ſurtout lorſqu'elles ſont prêtes à ſe métamorphoſer en chryſalides : cette ſoie joint tellement les uns avec les autres les grains de froment, que le deſſus du tas eſt couvert d'une croûte aſſez ſolide qui a quelquefois 3 ou 4 pouces d'épaiſſeur. Si on eſſaie de la rompre; elle forme des eſpéces de mottes ou de gâteaux plus ou moins étendus, ſelon qu'il y a plus ou moins de teignes dans le grenier.

En brisant ces mottes , on trouve bien des grains dont la farine a été mangée ; on y apperçoit des teignes en vie , ou des chrysalides suivant la saison ; ou bien on n'y voit que des fourreaux vuides , si les chrysalides ont été métamorphosées en papillons. Quoique le désordre que causent les teignes se borne à la croûte , & que le grain soit sain dans le reste du tas , ces insectes occasionnent néanmoins un déchet considérable ; car une croûte de 4 pouces d'épaisseur fait plus d'un 5e. d'un tas qui a été mis à une hauteur de 18 pouces. Le tort que les teignes font à ce froment ne se borne pas au déchet , ces insectes altérent encore les grains sains par une mauvaise odeur qu'ils leur communiquent, & que les marchands de bled nomment l'odeur de la mitte.

Ces obfervations nous fai-
foient préfumer que les teignes
ne pourroient pas fubfifter dans
nos greniers de confervation : effectivement, puifque cet infecte
n'occupe que la fuperficie du
tas, comment pourra-t-il vivre
dans nos greniers dont la furface, qui eft fort petite, n'eft point
expofée à l'air ? Puifque ces animaux ne fe plaifent que dans les
greniers ou l'air eft fort chaud ,
comment s'accommoderont - ils
des nôtres , qui par leur pofition
font très-frais , & qui d'ailleurs
font rafraîchis par l'air qui les traverfe quand on fait jouer les foufflets ? Mais en pareil cas les préfomptions ne font pas fuffifan-
tes ; il faut des faits bien confta-
tés, des expériences.

L'hyver 1746 nous fîmes lever dans tous nos greniers la
croûte vermineufe qui étoit fort
épaiffe, parce que l'été précédent

il y avoit eu beaucoup de teignes.
Nous fîmes briser les mottes &
paſſer au crible le froment qui
en provint. Ce grain, qui aſſurément contenoit beaucoup d'œufs
de teignes, fut mis dans un de
nos greniers qui en contenoit 75
pieds cubes. On l'éventa de tems
en tems pendant l'hyver.

A la fin de mai, lorſque les
chaleurs commencerent à ſe faire ſentir, ſi on ouvroit les trapes
du deſſus du grenier, on en voyoit
ſortir une prodigieuſe quantité
de teignes, ce qui prouvoit que
ces animaux étoient en grande
abondance dans ce grain, & nous
faiſoit augurer qu'ils ne s'y plai-
ſoient pas.

Quand le froment paroiſſoit
aſſez éventé, on refermoit les
trapes, & c'en étoit pour un
mois; car comme ce grain (qui
n'avoit point été étuvé) étoit
vieux & aſſez ſec, on l'éventoit
rarement. H

Vers le mois de juin 1747, on vuida ce petit grenier, toutes les teignes étoient péries, il n'y avoit à la superficie qu'une petite croûte de l'épaisseur d'une ligne, & ce grain avoit perdu un peu de l'odeur de mitte qu'il avoit au commencement de l'expérience; aussi fut-il vendu le prix courant du marché.

REMARQUE.

Cette expérience dissipe tous les doutes, & maintenant on est certain que la teigne du froment ne peut subsister dans nos greniers : ce qui n'est pas un petit avantage, car cet insecte détruit beaucoup de grains, & altére par sa mauvaise odeur celui qu'il n'attaque pas.

DES CHARANSONS.

Le charanson est un insecte du genre des scarabées, dont je ne

fai pas encore bien l'hiſtoire : il
ſe nourrit de froment dont il fait
une grande conſommation, mais
il ne lui communique point d'o-
deur.

Cet animal s'engourdit par le
froid, mais il ne meurt pas : j'en
ai ramaſſé dans des tems de gelée qui ſembloient morts, & en
les tenant dans un lieu chaud
ils reprenoient bientôt leur premiére vigueur.

Il ſupporte une très-grande
chaleur : j'en ai vu ſortir de notre étuve en très-bonne ſanté,
quoiqu'ils euſſent éprouvé une
chaleur de plus de 60 degrés du
thermométre de M. de Réaumur. Il eſt vrai que ces charanſons pouvoient s'être nichés dans
quelque coin du bas de l'étuve
où la chaleur n'étoit pas ſi forte
qu'à l'endroit où étoit le thermométre ; car en ayant mis dans
de petits ſacs de toile auprès du

thermométre , ils ont péri à ce degré de chaleur , mais ils ont fupporté 50 degrés.

On a des expériences qui prouvent que cet animal peut vivre très - longtems fans manger.

Il fe nourrit de froment vieux & fec comme du nouveau ; il creufe les grains pour manger la farine , & il laiffe le fon.

Il y a lieu de préfumer que cet infecte fe nourriroit de la chair des animaux , car ceux qui couchent auprès des greniers où il y a des charanfons, éprouvent que leur morfure eft beaucoup plus incommode que celle des puces; il eft probable qu'ils mangent les teignes , car on n'en voit pas ordinairement dans les greniers où il y a beaucoup de charan-fons.

On remarque dans les baffes-cours que les poules qui ont

beaucoup mangé de charanſons meurent, & on aſſure que ces animaux qui ont la vie fort dure, leur percent le jabot.

Pour m'aſſurer ſi , comme on le prétend, les odeurs fortes chaſfent les charanſons, j'ai pris deux grandes caiſſes , j'en ai verni une intérieurement avec de l'eſſence de thérébentine très-pénétrante , & j'ai mis dans les deux caiſſes du froment rempli de charanſons : au bout de ſix ſemaines je fis cribler ce grain , & je trouvai autant de charanſons dans la caiſſe vernie que dans l'autre. Cette expérience doit rendre ſuſpecte bien des recettes qu'on propoſe comme infaillibles.

Je ſai, par expérience, que la vapeur du ſoufre brûlant fait mourir les charanſons ; mais ce moyen n'eſt guéres pratiquable , car cette vapeur donne au froment une odeur déſagréable qui lui fait beaucoup de tort quand on l'expofe en vente, quoiqu'elle foit peu fenfible dans le pain, & qu'elle ne foit point du tout contraire à la fanté : il eft cependant fâcheux qu'on ne puiffe pas faire ufage de la vapeur du foufre, car elle a le double avantage de faire périr les infectes & d'arrêter la fermentation. Il feroit déplacé de rapporter ici toutes les preuves que j'en ai ; mais ayant effayé inutilement de faire perdre au froment foufré fa mauvaife odeur, je me propofai d'employer la vapeur du charbon pour faire périr les charanfons : cette vapeur, eft comme l'on fait, un phlogiftique très-exalté, & prefque auffi fuffoquant que la vapeur du foufre.

Notre étuve étant pleine de froment où il y avoit du charanfon, au lieu de la chauffer avec le poële, j'allumai dans l'inté-

rieur deux grands fourneaux remplis de charbon vif, ce qui pro-
duisit une vapeur si forte qu'une
personne qui voulut mettre la
tête dans l'étuve pensa être suf-
foquée : malgré cela, en vuidant
l'étuve, on trouva une assez bonne
quantité de charansons qui pa-
roissoient se bien porter.

Je n'ai donc point trouvé de
moyen sûr pour faire périr les
charansons, mais j'ai des pré-
somptions assez fortes qui me
font croire qu'ils ne peuvent subsister dans nos greniers : les voici.

Si dans un grenier ordinaire
où il n'y a pas de charansons, on
en répand çà & là, il ne faut
pas croire qu'ils resteront aux
endroits où le hazard les aura
placés, ils se ramasseront par pe-
lotons, ainsi ces animaux doivent vivre en société.

Dans les endroits où les charansons se feront établis, on sen-

tira avec la main une chaleur
confidérable pendant que dans
le refte du grenier, le froment
fera frais : cette remarque nous
fait croire qu'il faut une chaleur
confidérable pour faire éclore
leurs œufs.

Notre conjecture reçoit quelque degré de probabilité d'une
autre obfervation : fçavoir que les
charanfons occupent par préférence le côté du grenier qui eft
expofé au midi : ainfi quoiqu'un
froid affez vif ne faffe pas périr
cet animal, je crois que la chaleur eft néceffaire pour la multiplication de fon efpéce.

Toutes ces raifons me font
penfer que dans nos greniers qui
font toujours frais & où l'air eft
fréquemment renouvellé, ces
infectes y refteront dans un état
d'engourdiffement peu propre à
leur multiplication : c'eft là une
pure conjecture qui deviendroit

un

un fait inconteſtable, ſi j'avois pû
répéter l'expérience que je vais
rapporter.

EXPE'RIENCE.

Dans le mois de mai 1751
nous avions mis des charanſons
dans un de nos greniers, &
quand nous l'avons vuidé dans
les mois de juillet & d'août 1752,
nous n'en avons trouvé aucun.
Au reſte, il eſt certain que ſi on
trouve jamais un moyen ſûr pour
faire périr les charanſons, il ſera
plus aiſé à pratiquer dans nos
greniers que dans ceux qui ſont
conſtruits à l'ordinaire.

REMARQUES.

Pour faire voir que le problême
qui faiſoit le ſujet de nos recherches, eſt complétement réſolu, il
convient de reprendre les unes
après les autres les conditions qui
ſont compriſes dans ſon énoncé.

I

Première condition : *Conserver beaucoup de froment dans le plus petit espace possible.* Indépendamment de ce qui est dit à ce sujet dans le Mémoire lû à l'Académie, il suffit pour prouver que nous avons satisfait à cette première condition, de dire que nous avons fait tenir dans une tour ronde qui a 22 pieds de diamétre dans œuvre, tout le grain qui étant à 18 pouces d'épaisseur, remplissoit un grenier qui avoit 1680 pieds de superficie.

Seconde condition : *Si long-tems qu'on voudra.* On a vû que du froment de huit ans, qui en avoit resté sept dans nos greniers, a été recherché préférablement à tout autre par les boulangers de Pethiviers, & ceux qui ont conservé des grains, savent que du froment qui ne s'est point altéré les deux premiéres années, ne court plus risque

de se gâter, & qu'on le conser-
veroit, sans beaucoup de soins, un
bon nombre d'années, si on le
pouvoit garantir de la rapine des
animaux qui cherchent à s'en
nourrir.

Troisiéme condition : *A peu
de frais.* On ne peut rien épargner sur les frais du parfait nétoyement qui est essentiel, sur-
tout quand on veut suivre notre
méthode : on verra dans la suite
que les frais de l'étuve sont fort
peu de chose ; & quand le grain
est une fois mis dans le grenier,
on est déchargé de tout : le moulin fait jouer les soufflets, & un
homme foible ou valétudinaire
peut vaquer à l'entretien de sept
à huit grands greniers.

Quatriéme condition : *Sans
déchet, n'étant exposé ni aux rats,
ni aux souris, ni aux insectes, &
sans qu'il puisse s'en perdre par les
trémies qui sont presque inévitables*

avec les greniers ordinaires. En at-
tendant que nous parlions plus en
détail de la construction de nos
greniers, on peut, pour s'en former une idée, se représenter une
citerne voûtée, qui n'ait pour
toute ouverture que quelques
soupiraux qu'on ferme avec une
grille de fer & un treillis de fil
d'archal dont les mailles soient
assez serrées pour que la plus petite souris n'y puisse pas passer, &
par-dessus cette grille une forte
trape de bois de chêne qu'on
n'ouvre que pendant qu'on évente. Cette description, toute va-
gue qu'elle est, fait comprendre de reste que le froment est à
couvert des rats, des souris, des
oiseaux, & qu'il ne peut se perdre par des trémies : à l'égard
des insectes, on peut se rappeller ce que nous en avons dit
plus haut.

Cinquième condition : *Enfin*

étant à l'abri de tout larcin, même de la part du gardien qui sera chargé de veiller à sa conservation. Comme tout le soin du gardien se réduit à ouvrir les trapes & les regiſtres qui répondent au grenier qu'on veut éventer, & à faire tourner le moulin, le propriétaire peut, ſans le gêner dans ſes fonctions, conſerver la clef de la grille; & abſent comme préſent il n'aura à craindre que la négligence du gardien qui doit veiller à profiter ſur - tout des vents ſecs, pour éventer ſucceſſivement les greniers qui lui ſont confiés.

Mais ces généralités ne ſuffiſent pas pour mettre le public à portée de profiter de nos recherches, il faut entrer dans les détails, & expliquer toutes les circonſtances de nos opérations. Elles ſe réduiſent à bien nétoyer le froment, à le deſſécher dans l'étuve & à le dépofer dans des greniers conftruits convenable-ment. Nous fuivrons cet ordre dans l'expofé circonftancié des différentes opérations que nous avons mis en ufage.

CHAPITRE III.

Du nétoyement qu'il faut donner au froment avant de le paffer à l'étuve.

Quand le froment eft battu, on le nétoye fur l'aire mê-me, en le jettant, (comme l'on dit,) *à la roue,* en le paffant dans des cribles de mégifferie, en le vannant, ou par d'autres prati-ques qui varient fuivant les pro-vinces : il feroit inutile de les détailler ici puifqu'il n'importe celle qu'on fuivra ; la perfection de cette premiére opération étant peu importante.

Mais le froment qui eſt nétoyé comme le pratiquent les batteurs en grange pour le diſpoſer à être monté dans les greniers ordinaires, ne l'eſt pas aſſez parfaitement pour être renfermé dans nos greniers : la raiſon en eſt claire. En ſuivant l'uſage ordinaire on eſt obligé de remuer fréquemment le grain & de le paſſer de tems en tems par le crible incliné (*Planche I. Fig.* 1.) toutes les fois qu'on répéte ces opérations, on emporte de la pouſſiére, des grains charbonnés, s'il y en a, & même une partie du ſon : mais en ſuivant notre pratique, le grain reſtant dans l'état où il étoit quand on l'a mis en grenier, la pouſſiére, la nielle, le charbon, les graines, toutes ces choſes étrangéres au bon froment ſe retrouveront au

I iiij

sortir du grenier, si on n'a pas eu soin de les en séparer avant de l'y déposer.

On ne peut parvenir à ce parfait nétoyement qu'en lavant le grain contenu dans des corbeilles qu'on plonge dans une eau courante, ou par le moyen de différens cribles : nous en allons décrire trois dont il convient de se pourvoir.

PREMIER CRIBLE.

Le Crible en plan incliné (*Pl. I. Fig.* 1.) est assez généralement connu pour que nous nous contentions d'en donner une courte description, d'ailleurs il est fort simple : il est composé d'une trémie *A* dans laquelle on verse le grain qui en sort peu à peu pour se répandre en nape sur un plan incliné *B* qui est formé par des fils d'archal rangés parallelement les uns aux autres & assez près à près pour que les grains ne puiffent pas paffer au travers : le bon froment qui roule fur ce plan qui eft incliné à l'horizon d'environ 45 degrés fe répand au bas du crible en *C*; mais les petits grains, une partie des grains charbonnés, & les graines plus menues que le froment, de même que la plûpart des charanfons, traverfent le crible & tombent fur un cuir *D* tendu à trois pouces de diftance fous le fil d'archal : toutes ces immondices coulent fur le cuir & fe rendent dans une chaudiére de cuivre *E* qui eft placée derriére le fil d'archal.

Cet inftrument a l'avantage de couter peu & d'être fort expéditif. Mais comme il ne nétoye pas auffi parfaitement le grain que ceux dont nous allons parler, on n'en doit faire ufage que pour les nétoyemens provisionnels qu'on fait à mesure qu'on ramasse le grain dans le grenier de dépôt.

Second Crible.

Le Crible cilindrique, ou en bluteau; (*Pl. I. Fig.* 2, 3, 4 & 5) est un cilindre *A* semblable à celui des bluteaux ordinaires qui servent à séparer les différentes farines, excepté que le bâti en est plus solide, que le cilindre est d'un plus grand diamétre, & qu'au lieu d'être garni de toile, il l'est alternativement de feuilles de tôle piquées comme des grilles à rapper du sucre (*a*) & de fil. d'archal (*b*) posés parallélement les uns aux autres, comme ceux du crible à plan incliné.

On verse le grain dans une trémie *B* d'où il coule dans le cilindre qui reléve un peu du côté de la trémie (*Fig.* 3.) on fait tourner le cilindre avec une manivelle *C* ; fa pente détermine le grain à fe rendre peu à peu à l'autre bout *D* où il tombe dehors : tout ce crible eft, comme les bluteaux ordinaires, couvert entiérement de toile pour empêcher la pouffiére de fe mêler avec le bon grain.

Dans ce trajet, le froment eft fortement gratté toutes les fois qu'il rencontre les zônes formées de tôle piquée (*a*) ; la pouffiére & les petits grains s'échappent par les zônes qui font en crible de fil d'archal (*b*) ; ainfi quand le grain fort par l'extrêmité *D* oppofée à la trémie, il eft clair, brillant & d'une couleur tout autrement belle que celle qu'il avoit avant cette opération.

Ce crible eft fur-tout excellent pour nétoyer les grains qui font niellés, charbonnés, ou mouchetés ; quelquefois néanmoins quand le grain eſt très-ſale, il faut le paſſer pluſieurs fois par cet inſtrument.

TROISIEME CRIBLE.

Le crible à vent (*Pl. II. Fig.* 1, 2, 3 &c.) eſt plus compoſé. On met, comme aux autres, le froment dans une trémie *A*. (*Fig.* 2, 3, 6.) Il en ſort par une ouverture *B* (*Fig.* 3 & 6) qu'on rend plus ou moins grande en ouvrant plus ou moins une petite porte à couliſſe *C*, ce qui s'exécute aiſément en tournant un petit cilindre *D* placé au-deſſus, autour duquel ſe roule une ficelle qui répond à la petite porte.

Au ſortir de la trémie le froment ſe répand ſur un crible *E* qui eſt fait par des mailles de fil de laiton aſſez larges pour que le bon froment y puiſſe paſſer. Les grains avortés & la plûpart des charbonnés paſſent avec le bon froment & font chaffés vers *F* par le courant d'air dont nous parlerons dans la fuite.

Ce crible *E* eft reçu dans un chaffis léger de menuiferie *G* (*Fig.* 4) & bordé des deux côtés, & au fond par des planches minces *H.*

On fait en forte que le crible *E* panche un peu par le devant, & comme cette circonftance fait que le froment coule plus ou moins vîte, on eft maître de régler convenablement la pente du crible en tournant une traverfe cilindrique *I*, (*Fig.* 3) qui porte à un de fes bouts une petite roüe *L* (*Fig.* 1) dentée, qui eft retenue par un linguet *M* ; en tournant cette traverfe on accourcit, ou on allonge une ficelle *N* (*Fig.* 3) qui éléve ou abaiffe le bout antérieur du crible.

Malgré cette pente du crible,

le froment ne couleroit pas si on négligeoit d'imprimer au crible un mouvement de trémousse-ment. Voici par quelle méchanique on remplit cette intention.

Au bout *O* de l'essieu (*Fig.* 2) qui est opposé à celui où est la manivelle *P* (*Fig.* 1) il y a une roue *Q*, (*Fig.* 2, 7 & 8) qui a des coches sur la face verticale qui est tournée du côté de la caisse ; un morceau de bois ou un levier un peu coudé *R* répond à ces coches par un bout *S*. Ce levier touche & est attaché à la caisse par le sommet *R* de l'angle fort obtus que forment ses deux branches : à l'extrêmité *T* du levier qui est opposée à la roue cochée, est attachée une ficelle, qui traversant la caisse, va répondre au crible. De l'autre côté de la caisse, est un autre morceau de bois *V* (*Fig.* 1) qui fait ressort

& qui répond comme le levier dont on vient de parler, au crible par une ficelle qui traverfe la caiffe. Il eft clair que quand on fait tourner l'effieu, les coches de la petite roue *Q* font ofciller le bout du levier *R* qui lui répond ; ce mouvement fe communique à fon autre bout *S*, & de-là au crible au moyen de la ficelle *T*, ce qui lui imprime le mouvement de trémouffement qu'on défire.

Ce mouvement détermine le grain à couler peu à peu fur le crible qui eft un peu incliné, & ce qui n'a pu paffer au travers des mailles, tombe par l'extrêmité en forme de nappe fur un plan incliné *X* (*Fig* 3) qui le jette dehors & vis-à-vis la partie antérieure du crible. Ce qui a paffé par le crible fupérieur tombe en forme de pluie fur un plan incliné d'environ 45 degrés où le fro-

ment en roulant trouve un cri-
ble (*b*) (*Fig.* 3 & *Fig.* 5) femblable au premier *E* (*Fig.* 4) mais
dont les mailles font un peu plus
étroites pour que le petit grain
tombe fous la caiffe en (*d*) (*Fig.*2)
pendant que le gros fe répand
derriére le crible en (*e*).

On apperçoit fur un des côtés
de la caiffe une manivelle *P*
(*Fig.*1) qui fait tourner une roue
dentée, (*f*) laquelle engraine
dans une lanterne (*g*) qui eft fixée
fur l'effieu qui fait tourner la petite roue cochée *Q*, dont nous
avons parlé : ce grand effieu qui
au moyen de la lanterne tourne
fort vîte, porte huit aîles (*h, Fig.*
1 *&* 3) formées de planches
minces qui imprimant à l'air
qu'elles frappent une force centrifuge, produit un vent confidérable qui chaffe bien loin vers *F*
toute la poufliére, la paille &
les corps légers qui fe trouvent
dans

dans le grain, foit que les corps étrangers ayent paffé par le crible fupérieur, ou qu'ils fe trouvent dans les mottes & les immondices qui tombent en nappe devant le crible.

Pour fe former donc une jufte idée de cet inftrument, il faut fe repréfenter un homme appliqué à la manivelle *P*, (*Fig.* 1) elle fait tourner une roue dentée en hériffon (*f*). Cette roue engrainant dans la lanterne, (*g*) qui eft placée au-deffus, imprime un mouvement de rotation affez vif au grand effieu qui fait tourner les aîles (*h*) qui font renfermées dans la caiffe (*k*), & à la petite roue cochée *Q* qui eft de l'autre côté de cette même caiffe ; cette petite roue *Q* imprime un mouvement de trémouffement au levier *T*, *R*, *S* (*Fig.* 2) qui fait mouvoir le cribe fupérieur *E*, tant qu'on tourne la manivelle.

K

Un autre homme verfe du froment dans la trémie *A* : ce froment coule peu à peu, & fe répand fur le crible fupérieur *E* qui ayant un peu de pente vers l'avant, & étant dans un trémouffement continuel, fe tamife & paffe peu à peu en forme de pluie. Dans cette chûte il traverfe un tourbillon de vent qui eft occafionné par les aîles (*h*) qui font attachés au grand effieu, & il tombe fur un plan incliné (*a*) où il y a un fecond crible (*b*) que je nomme l'inférieur, qui fépare le gros grain du petit.

Comme les piéces qui compofent ce crible n'exigent pas une exacte précifion, l'échelle fuffira pour indiquer à peu près quelle doit être leur grandeur, & je puis me difpenfer de cotter exactement les dimenfions de chaque piéce ; mais il eft bon d'être prévenu que le grand effieu doit être de fer & les fuſeaux de la lanterne (*g*) de cuivre, ſans quoi ces deux piéces ne dureroient pas long-tems. Il ſeroit encore avantageux d'augmenter la grandeur du crible inférieur, & on pourroit avoir des cribles dont les mailles ſeroient différemment lozangées pour ſéparer les différens grains & les différentes graines.

Ce crible eſt admirable pour ſéparer du bon grain la pouſſiére, la paille, les crottes de ſouris, les graines fines, les grains charbonnés; en un mot ce qui eſt plus léger ou plus gros que le bon froment. Il ſépare encore -très-exactement toutes les mottes formées par les teignes, les crottes de chats, &c.

Pour que ce crible produiſe le meilleur effet poſſible, il faut que le grenier ſoit percé de fenêtres ou de lucarnes de deux côtés oppofés ; car en plaçant le bout *F* du crible (*Fig.* 2) vis-à-vis la croifée qui eft oppofée au vent, le vent qui traverfe le grenier fe joignant à celui du crible chaffe bien loin toutes les immondices. Ainfi c'eft un fort bon inftrument dont on doit fe pourvoir lorfqu'on fe propofe de faire des magazins confidérables de froment. (*a*) Voici dans quel ordre je voudrois qu'on fe fervît des différens cribles dont nous venons de parler.

A mefure qu'on monteroit du froment dans le grenier de dé-pôt, foit qu'on le tirât du marché ou de la grange, on le paffe-roit au crible à plan incliné (*Pl. I. Fig.* 1.) ; enfuite quand on fe difpoferoit à mettre le froment à l'étuve, on le pafferoit par le cri-

(*a*) Pour les petits magazins, on peut fe contenter de nétoyer très-foigneufement les grains avec les inftruments qui font en ufage dans chaque pays.

ble à vent (*Pl. II.*) pour emporter toute la poussiére, sur-tout
celle de la nielle ; enfin on em-
ploieroit le crible cilindrique ,
(*Pl.I. Fig.2.&c.*) & si le froment
paroissoit encore un peu chargé
de noir, on le repasseroit au crible
à vent : bien entendu que quand
le froment n'est point affecté par
le charbon ni par la nielle, on
peut épargner quelques-unes de
ces opérations.

Supposons maintenant que le
grain est bien net, il le faut porter dans l'étuve pour le dessécher,
sur - tout si on l'a lavé ; c'est ce
que nous allons expliquer dans
le Chapitre suivant.

EXPLICATION DES FIGURES.

PLANCHE I.

Figure 1. Crible à plan incliné,
vû de profil.

Fig. 2. Plan du crible cilindrique.

Fig. 3. Elévation du crible cilindrique, vû de côté.

Fig. 4. Coupe du crible suivant
sa longueur.

Fig. 5. Elévation du crible cilindrique vû par le bout.

PLANCHE II.

Figure 1. Crible à vent vû suivant sa longueur du côté de la
manivelle.

Fig. 2. Crible à vent vû suivant
sa longueur du côté opposé à
sa manivelle.

Fig. 3. Coupe longitudinale de
ce crible.

Fig. 4. Crible supérieur.

Fig. 5. Crible inférieur : *l*, *l*, est une
trape à coulisse qu'on ferme.
Quand on ne veut point séparer le gros froment du petit,
alors ce crible inférieur ne sert
pas.

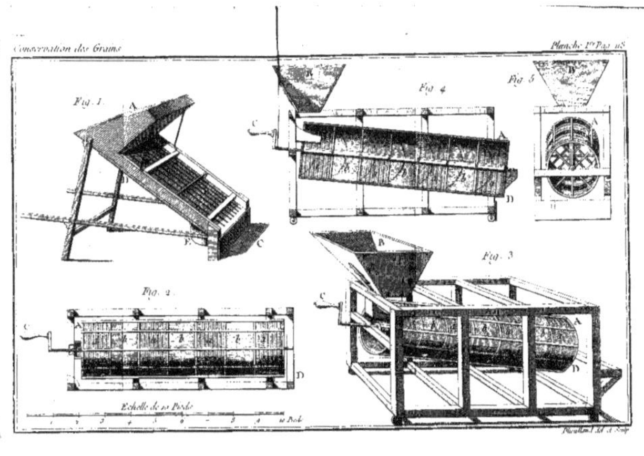
Fig. 1.
Fig. 4.
Fig. 5.
Fig. 2.
Fig. 3.
Echelle de 10 Pieds.
Benard Fecit. A. Sculp.

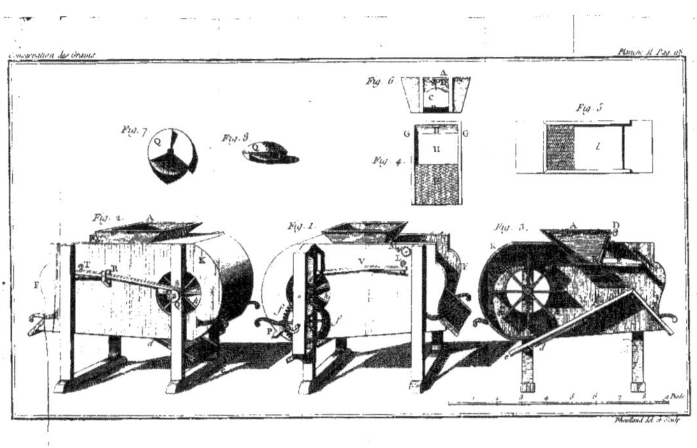
Planche II. Pag. 165
Fig. 6
Fig. 7
Fig. 8
Fig. 5
Fig. 4
Fig. 2
Fig. 1
Fig. 3

Fig.
Fig. 3.
K
2   3   1

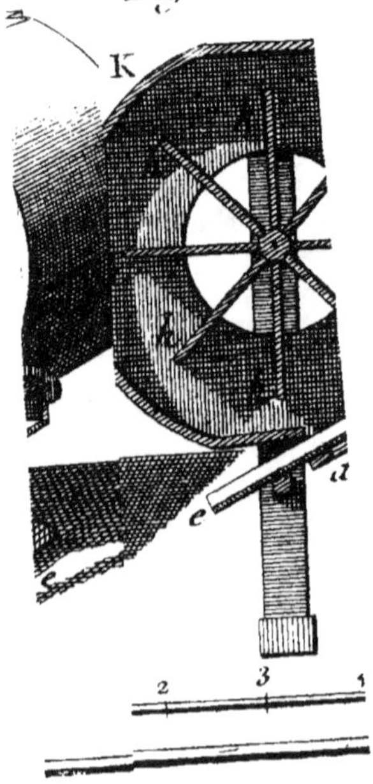

Fig. 6. Trémie séparée de la caiffe pour faire voir l'endroit par
où fort le grain.
Fig. 7. *&* 8. Petite roue entail-
lée qui fert à faire mouvoir le
crible fupérieur.

CHAPITRE IV.

*Defcription de l'Etuve ;
avec la maniére d'y def-
fécher le grain.*

ON a vû dans le mémoire lû
à l'Académie, que le fro-
ment recueilli dans nos Provinces eft chargé d'une quantité
fuffifante d'humidité pour fermenter lorfqu'on le raffemble en
groffe maffe, & qu'ainfi il faut le
deffécher avant de le renfermer
dans nos greniers : fans cette précaution on s'expoferoit à le per-

dre ; fur-tout fi un calme de trop longue durée empêchoit de faire agir les foufflets.

On peut fe fouvenir qu'en 1744, le froment de la récolte de 1742 ([b]) ayant éprouvé dans l'étuve 28 degrés de chaleur , avoit perdu un trente-deuxiéme de fon poids, & qu'ayant échauffé l'étuve jufqu'à 51 degrés , le déchet au bout de 24 heures avoit été d'un feiziéme.

Nous avons encore dit, que du froment de la récolte de 1745 ([c]) ayant été mis peu après la moiffon dans une étuve échauffée jufqu'à 50 degrés , avoit perdu un huitiéme de fon poids : enfin peu de tems après la moiffon de 1750 , le froment qui alors étoit humide, ayant refté 48 heures dans une étuve échauffée à 50 degrés , perdit un douziéme de

([b]) Ce grain étoit beau & fec.
([c]) Ce grain étoit très-humide.

fon

son poids; & dans le mois de septembre 1751, le même froment qui avoit été remué fréquemment & conservé dans un grenier ordinaire pendant une année, ayant été mis dans la même étuve échauffée à 50 degrés, n'avoit perdu en 12 heures de tems qu'un cent-soixante-troisiéme de son poids; mais une portion de ce grain qu'on avoit laissé dans l'étuve jusqu'à ce qu'elle fût refroidie, avoit diminué en poids d'un cinquantiéme, & en mesure d'un trente deuxiéme.

Dans ces expériences tous les grains étant mis nouveaux en terre ont germé & levé quoiqu'ils ayent été étuvés; ils ont donné de belle farine & fourni de bon pain; ainsi ils n'avoient point été rôtis ni altérés. On a vû plus haut, que cette préparation rend le grain beaucoup plus aisé à conserver; ainsi il n'est pas dou-

teux qu'il ne soit très - avantageux d'étuver les grains avant de
les déposer dans les greniers de
conservation ; supposé toutes fois
que cette pratique ne soit point
trop embarrassante, & qu'elle n'e-
xige point des frais qui la rendent impraticable : c'est ce que
nous examinerons après avoir
donné la description de l'étuve
que nous avons employée.

L'évaporation de l'humidité
ou le desséchement, est d'autant
plus aisé que ce qu'on veut dessécher a plus de surface. C'est un
principe de physique que nous
prouverions par un nombre infi-
ni d'expériences, s'il y avoit la
moindre apparence qu'il pût être
contesté. Il suit de ce principe
qu'une grosse masse de froment sera très-difficile à dessécher, pendant que la même quantité répandue à une petite épaisseur sur
quantité de tablettes se desséche-

ra très-promptement. Mais comment parvenir à arranger ainsi une grande quantité de froment à une petite épaisseur ? J'avois d'abord pensé à différentes dispositions de tablettes ; mais aucune ne remplissant parfaitement mes vûes, je me déterminai à mettre mon grain dans des tuyaux verticaux ; & j'étois occupé à faire construire cette étuve, lorsque M. Maréchal, Directeur des fortifications de Languedoc, qui étend ses vûes sur tout ce qui peut être utile, rapporta d'Italie le modéle d'une étuve très-ingénieusement construite, qu'on employe dans ce pays, pour dessécher les grains.

Si j'avois eu à prendre des éclaircissemens sur les étuves propres à dessécher les grains, j'aurois été les chercher dans le Nord, & non pas dans un pays chaud comme l'Italie, où j'au-

rois jugé que la chaleur du foleil & la fécherefle de l'air auroient difpenfé d'avoir recours à
aucun artifice. (a) Enfin, il eft certain qu'on étuve des blés dans
quelques Provinces d'Italie : c'eft
un fait dont je fuis redevable à
M. Maréchal, & ce fait prouve
mieux que toutes nos expériences, combien il eft important
de deffécher artificiellement le
froment dans les pays feptentrio-
naux. Quoi qu'il en foit, les con-
verfations que j'eus avec M. Maréchal me déterminérent à garnir la moitié de mon étuve avec
des tablettes difpofées à l'Italienne, pendant que l'autre le
feroit avec les tuyaux que j'avois
imaginés : car mon bâtiment étoit
fort bien difpofé pour faire à part

(a) J'ai appris qu'en Suede, lorfque les
moiffons font pluvieufes, ce qui arrive fouvent, on deffeche les gerbes mêmes, fans
quoi on ne pourroit pas les battre pour en
retirer le grain.

ces deux établiſſemens.

Le bâtiment de mon étuve eſt une eſpéce de cabinet (*Pl. III. Fig.* 1) qui a hors d'œuvre 12 pieds en quarré & neuf pieds dans œuvre. Le haut eſt formé par une voûte de briques qui prend ſa naiſſance à douze pieds du rez de chauſſée, & l'élévation ſous la clé eſt de 15 pieds. Au-devant de l'étuve, eſt une petite porte *F*, (*Fig.* 1, 2 *&* 3) qui eſt fermée par des doubles volets, pour empêcher la chaleur de l'étuve de ſe diſſiper. Par derriére *E*, (*Fig.* 2 *&* 3) il y a à mon étuve une petite arcade de pierres de taille pour placer un poële, comme je l'expliquerai dans la ſuite. Au-deſſus de la voûte nous avons pratiqué trois ouvertures *a*, *b*, *c*, (*Pl. IV. Fig.* 4,) ſçavoir, une au milieu (*a*) pour pouvoir connoître, au moyen d'un thermomêtre, (13) la chaleur de l'étuve, une autre à un des côtés qui sert de passage (*b*) pour remplir les tuyaux, & une troisiéme (*c*) au côté opposé pour charger les tablettes de l'étuve à l'Italienne ; enfin au-dedans de l'étuve il y a à droite & à gauche des banquettes de maçonnerie *d d* (*Fig.* 3, 4 *&* 5,) pour supporter les tablettes ou les tuyaux ; & au milieu de ces banquettes, un plan incliné *e e* (*Fig.* 4,) ou une conduite par laquelle le froment s'écoule quand on vuide l'étuve. Voilà la description du bâtiment ; parlons maintenant des emménagemens ; je commence par ceux que M. Maréchal a rapportés d'Italie.

Il faut se représenter un fort bâtis de menuiserie formé par huit montans de chêne, dont quatre font le devant d'une espéce d'armoire, & les quatre autres, le derriére ; il me suffira de décrire

une de ſes faces, parce que l'autre lui eſt entiérement ſemblable.

Deux de ces montans ſont placés l'un tout près de l'autre au
milieu de l'étuve ; ils ſont joints
enſemble par des vis, & ils s'étendent de toute la hauteur de l'étuve. On voit un de ces montans
ff, (*Fig.* 3,) & la coupe des
deux *ff*, (*Fig.* 2.)

Les deux autres ſont poſés auprès des murailles, & ils ſe terminent à la naiſſance de la voûte : on en voit un *g*, (*Fig.* 3,) & le
haut des deux *gg*, (*Fig.* 2.) Dans
cette même figure on voit les
quatre montans du fond de l'armoire.

Les deux montans du milieu
ſont joints à ceux des côtés par
des traverſes *h* (*Fig.* 3) qui y
ſont aſſemblées à queue d'aronde, & qui ſont inclinées du mur
au milieu de l'étuve, faiſant un

angle de quarante cinq degrés.

Comme les montans (*g*) qui se terminent à la naissance de la voûte, ne sont pas si longs que ceux (*f*) qui s'étendent jusqu'à la clé, il y a en-haut des traverses *i* (*Fig. 3*) qui partant des bouts supérieurs des montans (*g*) pour aller aboutir au haut des montans (*f*) sont inclinées dans un sens contraire des traverses précédentes dont plusieurs s'assemblent dessus, comme on le voit dans la figure 3.

On assemble aux montans (*g*) qui touchent les murailles des planches *l*, *m* (*Fig.* 2 & 3) qui sont reçues dans des rainures, de sorte que chaque montant fait un tuyau quarré *n* (*Fig.* 2 & 3).

Les quatre montans du milieu qu'on peut considérer comme n'en faisant que deux, forment de même un tuyau *o* (*Fig.* 2 & 3) au moyen des planches *p* (*Fig.* 3) qui font reçues dans les rainures, comme celles dont on vient de parler.

Enfin on affemble à rainures de fortes tablettes de chêne (*q*) (*Fig.* 3) fur les traverfes inclinées (*h*) qui font affemblées à queue d'aronde dans les montans (*f* & *g.*) Il faut de plus imaginer qu'aux endroits où aboutiffent les tablettes (*q*) fur les tuyaux verticaux, tant ceux qui font le long des murailles (*n*) que celui du milieu (*o*) , les tuyaux font ouverts dans toute la largeur du tuyau, d'une fente qui a environ deux pouces & demi de hauteur. Les ouvertures du tuyau du milieu font marquées par une (*r*), & celles des tuyaux du long des murs par une *s* (*Fig.* 3).

Pour concevoir l'utilité qui réfulte de la difpofition de toutes ces tablettes, imaginons qu'on verfe du froment dans la trémie

(*c*) (*Fig 3*) qui eſt au-deſſus de l'ouverture de la voûte qui ré- pond aux tablettes.

Le froment tombe d'abord per- pendiculairement dans le tuyau du milieu (*o*) qui ſe remplit entié- rement, ayant verſé un peu de froment dans l'angle que les ta- blettes font avec le tuyau à l'en- droit où ſont les ouvertures (*r*), dont nous avons parlé.

Quand le tuyau du milieu eſt plein, le froment ſe verſe ſur les côtés, & il coule ſur le deſſus de l'armoire (*tt*) juſqu'à ce qu'il ait rencontré les ouvertures (*s*), qui répondent aux tablettes qui ſont les plus élevées. Le froment paſſant par ces ouvertures, cou- le ſur ces tablettes juſqu'à ce qu'il rencontre en (*r*), le grain qui eſt dans le tuyau du milieu; alors, à cauſe que les tablettes ſont placées à un angle de 45 degrés, le grain s'arrange deſſus à une épaiffeur de trois à trois pouces & demi, & il regagne ainfi peu à peu la fente (*s*), du deffus de l'armoire par laquelle le grain avoit paffé. Cette fente fe bouche, le grain coule par-deffus & va remplir les fecondes tablettes.

Quand le grain eft parvenu aux tuyaux (*n*), qui font le long des murailles, il tombe perpendiculairement dans ces tuyaux, & il remplit la tablette la plus baffe jufqu'à l'ouverture (*s*), laquelle étant fermée par le grain, le tuyau (*n*) fe remplit jufqu'à la feconde tablette, & de cette façon les cinq grandes tablettes fe rempliffent. Enfin le deffus de l'armoire (*t*), fe chargeant auffi de grain, l'armoire fe trouve pleine. Ce que nous venons de dire d'un des côtés de cette étuve, a fon application à l'autre; & la moitié de notre petite étuve,

qui est disposée comme nous venons de l'expliquer, contient
60 pieds cubes de froment qui se
range de lui-même sur des tablettes à 3 ou 4 pouces d'épaisseur.

On est obligé de donner aux
tablettes une pente de 45 degrés, parce que sans cela le grain
qui seroit un peu humide ne couleroit pas ; mais cette pente est
un peu trop forte lorsque le grain
est très-sec ; car à mesure qu'il
perd de son humidité, il s'amasse
dans les angles des tablettes au
point de verser par-dessus & de
se répandre.

On prévient cet accident en
attachant des planches minces
(*u*), avec un clou à chacune des
traverses (*h*), qui s'assemblent à
queue d'aronde dans les mon-
tans (*f*, *g*.) D'abord les traverses
(*h*), forment des joues qui bor-
dent les tablettes & empêchent
le grain de se répandre ; de plus,

on conçoit qu'en tournant plus ou moins les planches minces (*u*), sur les cloux qui leur servent de tourillons, on ne laisse qu'un petit intervalle entre le bord de ces planches & les tablettes : alors le grain qui s'appuye sur ces planches (*n*), ne coule plus si abondamment au bas des tablettes, & il s'arrange à une épaisseur plus uniforme.

Il est évident que quand on ouvrira la porte à coulisse (*x*), (*Fig.* 1, 2 & 4,) qui termine la goutiére (*e*), où aboutit le tuyau du milieu, tout le grain coulera comme de l'eau par les goutiéres (*y*) (*Fig.* 1 & 4) puisque les tuyaux qui font le long des murailles se déchargent fur les tablettes, & les tablettes dans le tuyau qui est au milieu.

On ne peut rien imaginer de mieux que cette difposition de tablettes, puifqu'en profitant du poids du grain, sans autre précaution que de le jetter dans une trémie, il s'arrange de lui-même à l'épaisseur de trois ou quatre pouces sur un nombre de tablettes, & cela aussi réguliérement qu'on pourroit le faire en employant bien du tems pour lui donner cette disposition avec la main. Quand on veut vuider l'étuve, il ne faut qu'ouvrir la trape, le grain coule dans les sacs & est en état d'être déposé dans nos greniers.

De plus, on fait tenir beaucoup de grain dans un très-petit espace, puisque dans un petit bâtiment qui n'a que neuf pieds en quarré sur quinze pieds sous clef, on peut faire tenir 228 pieds cubes de froment.

La disposition que nous avons donnée à l'autre partie de notre étuve, n'est pas, à beaucoup près, si ingénieuse, mais elle a l'avantage de contenir plus de grain,

d'être plus simple, moins chére,
& plus folide : on en jugera
par la defcription que nous en
allons donner.

Le bâtiment de l'étuve eft
tout-à-fait femblable à celui dont
nous venons de parler, excepté
que les banquettes (*d, d,*) au lieu
d'être horizontales comme on
les voit (*Pl. III. Fig. 3*) elles
font inclinées vers la conduite (*e,*)
comme elles font repréfentées
(*Pl. IV. Fig. 5.*) Les montans (*f*
& *g*) & les traverfes (*h* & *i* (*Fig.*
5) font difpofés comme dans la
figure 3, excepté que le bâtis
de menuiferie peut être moins
fort, n'ayant pas befoin d'une
auffi grande folidité; mais au lieu
des tablettes inclinées (*q, q,*
Fig. 3) ce font des tuyaux quarrés qui font pofés verticalement.
Ces tuyaux ont de dehors en
dehors fept pouces d'épaiffeur &
deux pieds neuf à dix pouces de

largeur. La largeur se voit dans la *Planche IV. Fig.* 4 ; elle est marquée 1, 1, 1 ; & l'épaisseur dans la *Fig.* 5, est marquée 2,2,2. Les deux petits côtés ou l'épaisseur des tuyaux, sont formés par des planches, comme on le voit 1, 1, 1, (*Fig.* 5) & le grand côté des mêmes tuyaux, ou leur largeur, est formé par un treillis de fil d'archal 2, 2, 2, 2, (*Fig.*4.) On y voit des traverses (3), qui sont assemblées à queue d'aronde dans les planches (1,1, 1, *Fig.*5;) ces traverses sont destinées à fortifier les treillis de fil de fer lorsque les tuyaux sont remplis de grain.

Pour se former une idée de cette étuve, il faut donc se représenter neuf ou dix tuyaux quarrés, qui sont posés verticalement & parallelement les uns aux autres, laissant entr'eux trois ou quatre pouces de distance

4, 4, 4, 4, (*Fig. 5,*) pour laisser une issue aux vapeurs humides qui s'échapent au travers du treillis de fil d'archal qui revêt les grands côtés des tuyaux.

La courbure de la voûte & la pente qu'on donne aux banquettes (*d,d,*) font que les tuyaux du milieu ont plus de 11 pieds de hauteur, pendant que ceux qui touchent aux murailles n'en ont pas huit, ce qui n'empêche pas que nos tuyaux ne contiennent 372 pieds cubes de grain, pendant que les tablettes de l'étuve Italienne n'en contiennent que 228.

Maintenant il est clair que le grain qu'on jettera dans la trémie (*b*), remplira le tuyau du milieu : ce tuyau étant plein, le grain coulera sur la tablette (*t*), & trouvant l'ouverture marquée (5), il remplira le second tuyau ; & les autres le feront pareille-

M

ment par les ouvertures 6, 7 &
8. Il eſt encore évident que
quand on ouvrira la porte à couliſſe (*x*), (*Fig.* 4,) le grain coulera de lui-même dans les ſacs &
l'étuve ſe vuidera. On voit 9,9,9,
(*Fig.* 5) de petites planches qui
ſont deſtinées à produire le même effet que les planches *u*, *u*,
(*Fig.* 3,) pour empêcher que le
grain ne s'amaſſe à une trop
grande épaiſſeur ſur la banquette
d, *d*, (*Fig.* 5.)

D'abord nous garniſſions le
grand côté de nos tuyaux avec
un treillis de fil d'archal, ainſi
qu'il eſt repréſenté 2, 2, (*Fig.* 4)
mais comme ces treillis ſont fort
chers, nous leurs avons ſubſti-
tué, avec un égal ſuccès, des claies
d'oſier, qu'on fait aſſez ſerrées
pour que le froment ne puiſſe
paſſer au travers.

Comme nous avons exécuté
ces deux établiſſemens dans no-

tre étuve, dont le côté *G*, *H*, (*Pl. III. Fig.* 2) est garni de tablettes à l'Italienne, & le côté *I*, *K*, avec nos tuyaux, nous avons été à portée de comparer ces deux établissemens, & nous avons reconnu que les tuyaux garnis de claies coûtent moins que les tablettes, qu'ils contiennent plus de grain, que le dessèchement s'y fait aussi bien, & qu'ils exigent moins de réparations ; parce qu'on ne peut guére trouver de bois assez sec pour que la chaleur de l'étuve ne fasse tourmenter & déjetter les tablettes.

Un bâtiment qui n'a que neuf pieds en quarré dans œuvre, ne peut jamais coûter beaucoup à bâtir ; & il y a apparence que les munitionnaires, les étapiers, les marchands de grains, les gros receveurs & les Seigneurs qui ont des revenus considéra-

bles en grain, ne plaindront pas
ce qui leur en coûtera pour faire conſtruire une étuve qui leur
fera très-utile, quand même ils ne
ſe détermineroient pas à adop-
ter nos greniers de conſervation;
puiſqu'au moyen de cette étuve, leurs grains ſeront plus aiſés
à conſerver ſuivant l'uſage ordinaire, & qu'ils pourront rétablir
des grains qui auroient ſouffert
un petit degré d'altération.

Mais de petits fermiers, &
des particuliers qui n'auroient à
conſerver qu'une petite quantité
de grain pourroient trouver les
étuves, dont nous venons de
parler, trop diſpendieuſes relativement à la petite quantité de
grain qu'ils auroient à conſerver.
Ceux-là peuvent réduire cette
dépenſe preſqu'à rien; car ſi nous
conſeillons à ceux qui auront beſoin de très - grands magazins,
d'établir des étuves plus grandes

que les nôtres, dans lesquelles on puisse étuver à la fois quatre ou cinq cens minots mesure de Paris, nous proposons aux particuliers de ne faire que de petites étuves qui contiendroient seulement cent minots & même cinquante. Pour cet effet, ils n'auront qu'à faire construire une petite étuve qui ne soit que la moitié, ou le quart de celle qui est représentée *Planche III. figure* 2.

En prenant pour le quart, la partie qui est désignée par les lettes *y*, L, *f*, N, alors ils n'auront à bâtir qu'un petit cabinet *A, B, C, D, Planche IV. figure* 7. qui aura dans œuvre, de *a*, en *b*, cinq pieds & demi; de *b*, en *c*, cinq pieds : *F*, est la porte, *G*, la place pour visiter le grain; *I*, l'endroit pour allumer le poële; *E*, le poële; *H*, l'endroit par où se vuide l'étuve; 2, *e*, &c.

les tuyaux , & le reſte comme il eſt dit dans l'explication de la grande étuve : ainſi la coupe verticale de cette petite étuve eſt repréſentée par celle de la *Planche IV. figure 5.* lettres *b , e , g.* On voit dans cette *fig.* 5, que la trémie *b* , ſera à la face *c,* de la *figure* 7. & que la décharge du grain *e , figure 5,* ou *H , figure 7,* doit être à la face *b , figure 7.* Comme il ſera ſuffiſant pour pluſieurs particuliers d'étuver à la fois cinquante minots de froment , j'eſpére qu'on n'héſitera pas à faire conſtruire ces petites étuves qui ne couteront preſque rien.

EXPLICATION DES FIGURES.
PLANCHE III.

Figure 1. Corps du bâtiment de l'étuve vû par devant.

F, Porte.

x x, Pomelles pour lever les trappes, quand on veut vuider l'étuve.

y y, Goutiéres par lesquelles le froment tombe quand on vuide l'étuve.

Fig. 2. Plan de l'étuve en vûe d'oiseau : la coupe de la maçonnerie est prise sur la ligne *A, B*, de la *Fig.* 1, & sur la ligne *C, D*, pour les armoires.

Le côté, *G, H*, est à l'Italienne : on y voit *f, f, g, g*, la coupe des montans du bâtis principal de menuiserie. *O* partie du tuyau du milieu. *n, n*, Tuyaux qui sont le long des murailles ; *m*, & *l*, marquent les planches qui forment ces

tuyaux ; *t*, *t*, eſt la tablette du
deſſus des armoires : elle s'incline vers *H* & vers *G*, & on
y voit les ouvertures *s*, *s*, *s*,
s, par leſquelles paſſe le froment pour remplir les tablettes d'en-haut. *x*, marque l'endroit ou s'établit la trape à
couliſſe. *y*, Goutiére par où
paſſe le froment.

Le côté *I*, *K*, eſt pareillement
la coupe de la *Fig.* 1, par la ligne *A*, *B*, pour la maçonnerie, & par la ligne *C*, *D*, pour
les tuyaux. On y voit 2, 2,
le haut des tuyaux remplis de
grain ; *i*, l'épaiſſeur de la traverſe ſupérieure ; *f*, *g* la coupe des montans qui forment
le bâtis ; *t*, *t*, la tablette qui
forme le haut de cette armoire : elle eſt rompue pour faire
voir les tuyaux, & on ne doit
pas oublier qu'elle s'incline
vers *I* & *K* préciſément comme

me celle qui eft repréſentée *G*, *H*, & qu'elle a des fentes ſemblables à *s*, *s*, vis-à-vis chaque tuyau pour les remplir de grain.

4, 4. Sont les eſpaces qu'on pratique entre les tuyaux pour l'évaporation de l'humidité.

9. Eſt le corps du poële.

10. Le tuyau par lequel s'échappe la fumée ;

11. Un tuyau qui répand de l'air chaud dans l'étuve ;

12. Eſpace où deux ou trois perſonnes peuvent ſe tenir pour examiner ce qui ſe paſſe dans l'étuve.

F. Portes où il y a deux feuillures pour recevoir deux volets.

La Fig. 3. repréſente une coupe de la même étuve priſe ſur la ligne *E*, *F*, du plan (*Fig.* 2) pour faire voir de face la diſpoſition des tablettes à l'Italienne. On voit du côté *R* les

traverſes obliques & les montans principaux; & du côté *S*
on a ôté les traverſes & les
montans pour faire voir les tablettes.

F. La porte.

E. Ouverture pour mettre du
bois dans le poële.

d. Moitié de la banquette; l'autre étant cachée par le poële.

i. Traverſe ſupérieure qui forme
le deſſus de l'armoire.

h, h. Traverſes obliques qui ſont
aſſemblées à queue d'aronde
dans les montans *f* & *g*. *Nota*,
Que le montant *g*, eſt ſeulement ponctué parce qu'il eſt
caché par le tuyau du poële.

p, p. Planches qui forment un
des côtés du tuyau *O* du milieu de l'étuve : l'autre côté
eſt caché par le montant *f*.

m, m. Planches qui forment un
des côtés des tuyaux qui ſont
le long des murailles.

l, *l*. Planches qui forment l'autre côté de ce tuyau.

n, *n*. Le tuyau.

s, *s*. Les interruptions qui font au côté *m* du tuyau *n*, pour laiſſer couler le froment ſur les tablettes *q*, *q*.

r, *r*. Ouvertures qui font aux côtés du tuyau *O*, vis-à-vis chaque tablette pour laiſſer couler le froment dans le tuyau *O*.

u, *u*. Petites planches minces qui ſervent à ſoutenir le froment pour empêcher qu'il ne s'accumule trop abondamment aux angles *r*, *r*.

9. Corps du poële.

10. Tuyau pour la décharge de la fumée.

11. Tuyau par lequel paſſe l'air chaud comme il ſera expliqué dans la suite.

P L A N C H E I V.

Figure 4. Coupe de l'étuve par la ligne *L*, *Y*, du plan ; ainſi

N ij

on voit du côté *Y* la grande face d'un de nos tuyaux ; & du côté *L*, un des côtés du tuyau du milieu de l'étuve Italienne.

d. Coupe de la Banquette.

p, p. Un des côtés du tuyau du milieu *O* (*Fig.* 3.)

r , r. Ouvertures par lesquelles le froment qui est sur les tablettes tombe dans le tuyau.

s. Ouverture par laquelle on jette le grain. *e ,* Plan incliné ou sorte de ruisseau par lequel le froment coule pour sortir par la goutiére *y ,* quand la trape à coulisse *x ,* est ouverte : elle est représentée fermée d'un côté & ouverte de l'autre.

1 , 1. Planches qui forment l'épaisseur des tuyaux.

2, 2. Treillis de fil de fer qui forme la grande face des mêmes tuyaux.

3 , 3. Traverses qui servent à fortifier le treillis de fil de fer.

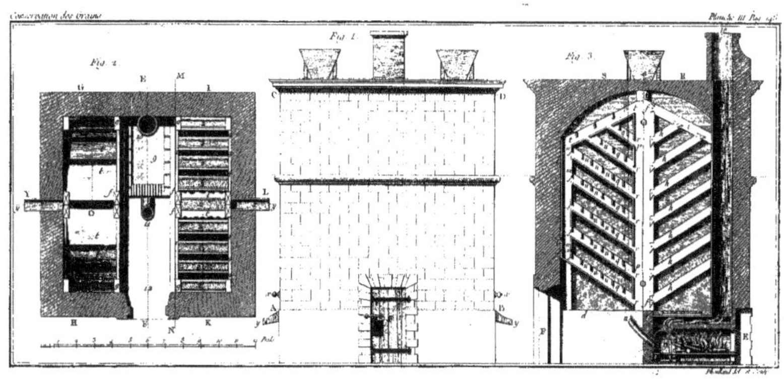
Fig. 2.
Fig. 1.
Fig. 3.

b. Ouverture où l'on met la trémie pour charger de grain l'étuve.

9. Corps du poële.

10. Tuyau par lequel fort la fumée.

11. Tuyau qui répand l'air chaud dans l'étuve.

a. Ouverture par laquelle on defcend le thermomêtre 13 , pour connoître la températu-re de l'étuve.

14. Régiftre qui fert à fermer le tuyau de la fumée lorfque le fourneau ne contient plus que de la braife , ou qu'on veut diminuer l'action du feu.

L Fig. 5, repréfente la coupe de la même étuve fuivant la ligne *M, N* du plan , pour faire voir de face l'établiffement de nos tuyaux , comme nous avons repréfenté *Fig. 3* les tablettes Italiennes.

d, d. Banquette qui eft inclinée pour que le grain fe rende au ruisseau *e*, & delà à la goutiére.

1, 1, 1, Petite face des tuyaux qui est formée par des planches.

f. Montant du tuyau du milieu.

g. Montant du tuyau le plus près du mur.

h. Traverse inférieure : les piéces de ce bâti sont plus fortes que les autres.

i, i. Traverse supérieure.

Du côté *Q* on voit les planches qui forment la face étroite des tuyaux ; & du côté *R* ces planches sont enlevées pour qu'on voye 2, 2, l'intérieur des tuyaux qui sont représentés remplis de froment.

4, 4. L'espace qu'on ménage entre les tuyaux pour l'évaporation de l'humidité.

b. Ouverture par laquelle on jette le froment.

t. Tablette supérieure sur laquelle le froment coule à mesure que les tuyaux se remplissent.

5, 6, 7, 8. Ouvertures de cette tablette par lesquelles le froment tombe dans les tuyaux.

9, 9. Planchettes semblables à celles *u*, *u* (*Fig.* 3) pour empêcher que le froment ne coule trop abondamment sur le plan incliné (*d*) : on voit de plus la coupe de toutes les traverses qui soutiennent le treillis de fil d'archal.

La Fig. 6. est le plan perspectif d'une armoire de l'étuve Italienne, & nous nous en servirons pour expliquer encore comment le froment se distribue sur les tablettes.

1°. Le froment au sortir de la trémie entre par une ouverture de la voûte en *A*, & remplit le tuyau du milieu *A*, *B*.

2°. Quand le tuyau *A*, *B* est plein jusqu'à *A*, le froment coule sur la tablette *C*, & en

N iiij

trant par l'ouverture D, il charge la petite tablette D, E.

3°. Alors l'ouverture D étant
comblée par le froment, celui qui vient de A coule sur la
partie F de la tablette, & entrant par l'ouverture G, la tablette G, H se trouve chargée.

4°. L'ouverture G étant comblée, le froment coule sur la
partie I de la tablette supérieure : de-là il tombe dans le
tuyau qui est le long de la mu-
raille & se rend en L, où trouvant une ouverture il charge
la tablette L, M : *Nota*, qu'on
a rompu en quelques endroits
un côté de ce tuyau pour faire
voir les ouvertures par lesquelles les tablettes se chargent.

5°. La tablette L, M étant
chargée, le froment remonte
dans le tuyau jusqu'à l'ouverture N, par laquelle la tablet-

te *N*, *O* fe charge, & de même la tablette *P*, *Q* fe charge par l'ouverture *P*, la tablette *R*, *S*, par l'ouverture *R*, & la tablette *T*, *V*, par l'ouverture *T*. Enfin le tuyau *T*, *L* étant plein, la tablette *T*, *A* fe charge de froment.

La Fig. 7. eft le plan d'une petite étuve qui peut contenir environ cinquante minots mefure de Paris.

A, *B*, *C*, *D*, les quatre faces de l'étuve qui a hors d'œuvre à peu près $8\frac{1}{2}$ ou 9 pieds de *A*, en *B*, & $7\frac{1}{2}$ à 8 pieds de *B*, en *C*.

I, Ouverture par laquelle on met le bois dans le poële.

E, Le poële.

F, La porte qui doit être bien fermée par deux volets qui s'ouvrent fuivant les lignes courbes ponctuées.

G, Emplacement pour pouvoir

viſiter le grain , & au-deſſus du quel on peut ménager une ouverture pour deſcendre le thermométre.

H, Le tuyau par lequel s'écoule le grain étuvé.

2, 2, 2, &c. les tuyaux dans leſquels on met le grain que l'on veut étuver.

1, 1, 1, &c. Eſpace entre les tuyaux pour faciliter l'échappement des vapeurs humides.

Maintenant qu'on conçoit la diſpoſition de notre étuve , il eſt à propos de rapporter plus en détail les expériences que nous avons faites ſur le deſſéchement des grains. Elles nous mettront en état de prouver que cette opération n'eſt ni coûteuſe ni fort embarraſſante.

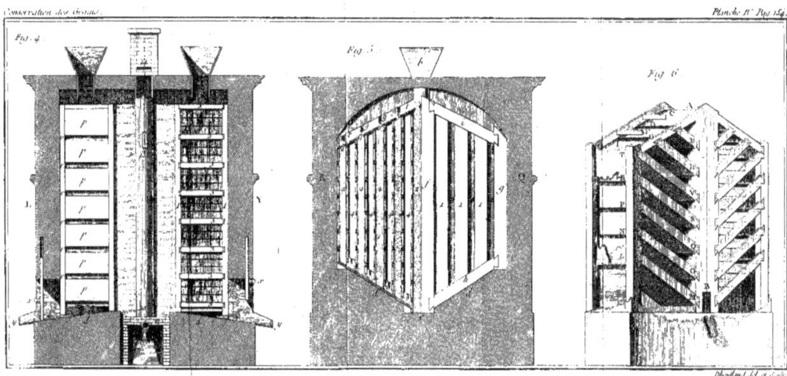

Fig. 4.
Fig. 5.
Fig. 6.

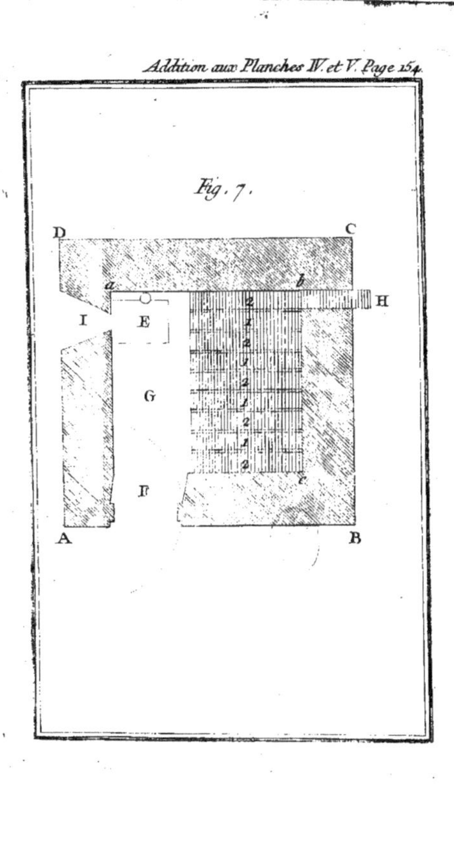

Addition aux Planches IV. et V. Page 154.
Fig. 7.
D
C
a
b
H
I
E
G
F
A
B

i
P

m
tu
di
ri
re
fr
ce
nu
bl
me
gi
al

po
de
pe
qu
mi

PREMIERE EXPERIENCE,

Pour reconnoître combien le froment diminue en volume & en poids l'orsqu'on le dessêche dans l'étuve.

Nous nous sommes servis pour mesurer notre froment d'un tuyau quarré, qui avoit en dedans deux pouces de face, sur 75 de hauteur : ainsi cette mesure contenoit 300 pouces cubes de froment. Nous avions adopté cette mesure pour que la diminution du volume fût plus sensible qu'elle ne l'auroit été dans les mesures ordinaires qui ont de grands diamêtres, relativement à leur hauteur.

On mesura dans le tuyau 300 pouces cubes de froment de la derniére récolte, après les avoir pesé exactement, & on mit cette quantité de grain dans deux tamis de crin, à trois pouces d'épaiſſeur ; enfin on plaça les tamis au milieu de la hauteur de l'étuve avec un thermométre tout auprès.

On alluma le feu à onze heures : à deux heures le thermométre étoit monté à 30 degrés, à quatre heures à 55, & à six heures à 60.

Le ſoir le froment qui étoit dans les tamis ne paroiſſoit pas encore ſec : on le laiſſa dans l'étuve. Le lendemain matin le thermométre étoit retombé à 25 degrés, & le froment n'étant pas encore caſſant ſous la dent on le retira de l'étuve pour le peſer & le meſurer.

Les 300 pouces cubes contenus dans le tamis numéro 1. qui avoient peſé, avant que d'être mis dans l'étuve, 9 livres 9 onces 2 gros, peſoient, au ſortir de l'étuve, 9 livres 5 onces 4 gros : ainſi la diminution avoit été de

3 onces 6 gros. Ayant remis ce froment dans le tuyau qui fervoit de mefure, il s'en falloit un pouce une ligne qu'il ne fût plein; ce qui fait quatre pouces cubes un tiers de diminution fur le volume.

Le froment contenu dans le tamis numéro 2. pefoit, au fortir du grenier, 9 livres 8 onces 3 gros & demi, & au fortir de l'étuve, 9 livres 3 onces 4 gros : ainfi ces 300 pouces cubes de froment avoient diminué de 4 onces 7 gros & demi; l'ayant verfé dans le tuyau pour le me-furer il s'en falloit 2 pouces une ligne que la mefure ne fût plei-ne, ce qui fait huit pouces & un tiers cubes de diminution, & le froment de ce tamis étoit plus caffant fous la dent que l'autre.

On fera fans doute furpris qu'une auffi grande chaleur n'ait pas defféché parfaitement ce froment, mais l'étuve étoit chauffée pour la premiére fois, & il sortoit des murs une prodigieuse quantité d'humidité.

SECONDE EXPERIENCE,

Pour reconnoître la diminution, tant en volume qu'en poids, du froment qu'on passe à l'étuve.

Tout étant disposé comme il a été dit à l'occasion de l'expérience précédente, on alluma le poële à huit heures du matin. La liqueur du thermométre étant montée à 30 degrés, on entretint la chaleur à ce point jusqu'à midi, qu'on augmenta le feu pour faire monter le thermométre à 40, 50, 60 degrés, ce qui dura jusqu'à six heures du soir. Le poële devint tout rouge. A huit heures le thermométre ne marquoit plus que 50 degrés, & le froment étoit fort sec & cassant

sous la dent : il resta dans l'étuve toute la nuit & le lendemain.
Alors le thermométre marquant
25 degrés, le froment du tamis,
n°. 1, qui pesoit, au sortir du grenier, 9 livres 7 onces 4 gros ne
pesoit plus que 8 livres 13 onces
2 gros, ainsi il avoit diminué de
10 onces 2 gros.

On le mit dans le tuyau, & il
s'en falloit 6 pouces qu'il ne fût
plein ; ainsi le volume de ce
froment étoit diminué de 24 pouces cubes.

Suivant cette expérience, la
diminution en poids est d'environ un quinziéme, & en volume d'un douziéme ; mais il
ne faut pas croire que dans les
grandes étuves la diminution soit
proportionnelle : heureusement
il n'est pas nécessaire que le grain
soit aussi desséché que celui de
l'expérience qu'on vient de rapporter ; car il faut furieusement

chauffer le poële pour que toute l'étendue de l'étuve soit échauffée à 60 degrés.

TROISIE'ME EXPERIENCE,

Faite dans la même vûe que les précédentes.

L'étuve étant encore assez chaude pour que le thermométre fût à 17 degrés, on alluma le feu sur les neuf heures du matin. Au bout d'une heure, le thermométre marquant 30 degrés, on se contenta d'entretenir la chaleur à ce degré jusqu'à neuf heures du soir qu'on cessa le feu ; & le lendemain à neuf heures, le thermométre marquant 17 degrés, on tira les tamis pour peser & mesurer le froment qu'ils contenoient.

Le froment du tamis Nº. 1, qui pesoit, au sortir du grenier, 9 livres 11 onces, ne pesoit plus que

que 9 livres 6 onces ; ainfi il étoit diminué de 5 onces. Ayant mis ce froment dans le tuyau, il s'en falloit trois pouces un quart qu'il ne fût plein ; ainfi le volume de ce froment étoit diminué de 13 pouces cubes.

Ce froment paroiſſoit fort ſec à la main, mais il n'étoit pas auſſi caſſant ſous la dent que celui de l'expérience précédente.

EXPERIENCES *faites plus en grand, avec du froment de la récolte de 1750.*

Les expériences ſuivantes ont été faites avec du froment de la récolte de 1750, & dans un des tuyaux de notre étuve qui contenoit 12 pieds cubes de froment.

Peu après la récolte de 1750, le froment, qui alors étoit fort humide, ayant reſté 48 heures dans l'étuve qui étoit échauffée à

50 degrés, perdit un douziéme de son poids.

Dans le mois de septembre 1751, le même froment qui avoit été conservé dans les greniers ordinaires, remué fréquemment & criblé plusieurs fois pendant cette année, ayant été mis dans l'étuve échauffée à 50 degrés ne perdit en 12 heures de tems, qu'un cent soixante-troisiéme de son poids; mais l'ayant laissé dans l'étuve jusqu'à ce qu'elle fût réfroidie, il se trouva avoir perdu un cinquantiéme de son poids & un trente-deuxiéme de son volume.

Cette expérience fait voir, ainsi que plusieurs de celles que j'ai rapportées, 1°. Que pour procurer au froment un parfait desséchement, il n'est pas tant question d'augmenter la violence du feu, que de le laisser longtems dans l'étuve; 2°. Que le froment qui a paſſé une année dans les greniers ordinaires, a perdu beaucoup de l'humidité qu'il avoit après la moiſſon.

REMARQUE.

Le froment ſe vend à la meſure ; & dans .les expériences que nous venons de rapporter, il perd plus ou moins de ſon voulume, ſuivant qu'il eſt plus ou moins chargé d'humidité. C'eſt un déchet qui tourne au deſavantage du vendeur, on n'en peut pas diſconvenir; mais comme cette perte n'eſt pas réelle, puiſque la partie farineuſe reſte, & que la farine d'un froment bien ſec fournit plus de pain que celle du même froment non deſſéché; nous avons reconnu par notre propre expérience, que les boulangers achetent ces fromens deſſéchés un peu plus chers que les autres : or pour peu que le prix

de ce froment augmente, le
vendeur fera bien dédommagé
du déchet qu'il aura souffert.

Puifque le déchet d'un froment de bonne qualité eft évalué à un trente-deuxiéme de fon
volume : le prix de ce froment
étant à 15 livres le fac, le trente-
deuxiéme de 15 l. ne fait pas une
augmentation de 10 f. pas fac ;
mais il y a des cas où le bénéfice fera bien confidérable pour
le vendeur. Par exemple, les fro-
ments de la récolte de 1745 qui
étoient fort humides ne fe vendoient que 7 liv. ou 7 liv. 10 fols
le fac, pendant que ceux de la
récolte précédente fe vendoient
13 à 14 livres. La caufe de cette différence de prix venoit de
ce que ceux-ci rendoient plus de
pain ; car les grains humides fe
comprimant fous la meule au lieu
de fe rompre, la farine reftoit
adhérente au fon, & le peu de

fleur qui paſſoit par le bluteau ne buvoit preſque point d'eau lorſqu'on la réduiſoit en pâte.

Si on avoit deſſéché les fromens de 1745 dans une étuve, leur volume auroit probablement diminué d'un quinziéme ; mais leur qualité & leur prix auroit augmenté de plus d'un tiers ; car aſſurément ce froment ſe ſeroit vendu au moins 12 livres.

Au reſte, notre intention n'eſt pas qu'on étuve les fromens quand ils ſont chers & de bonne qualité ; mais s'ils ſont humides, on voit qu'il y a un profit conſidérable à les faire paſſer par l'étuve ; & ſi le froment eſt à vil prix la diminution du volume ne mérite aucune attention : en effet ſi on ſuppoſe que le prix du froment eſt de 10 livres le ſac, la diminution d'un trentiéme n'eſt que de ſix à ſept ſols, & le profit ſera d'un tiers, quand il

vaudra 15 livres ; & d'une moitié, quand son prix sera monté
à 20 livres.

Après avoir discuté une ob-
jection qui m'a été faite par plusieurs personnes, je vais examiner
si la chaleur de l'étuve peut détruire les Charansons.

*EXPERIENCE pour reconnoître à
quel degré de chaleur les Charansons périssent dans l'étuve.*

On a mis dans de petits vases
couverts avec de la gaze, des
charansons dans l'intérieur de
l'étuve tout auprès du thermométre, & on a observé qu'ils ne
périssoient que lorsque la liqueur
du thermométre montoit entre
55 & 60 degrés ; & des œufs ont
durci à cette chaleur. Mais
quand on a tiré de l'étuve le froment qui avoit éprouvé cette
chaleur, on y a trouvé quelques

charanſons qui étoient en vie : ap-
paremment qu'ils s'étoient con-
ſervés au bas de l'étuve dans des
endroits où la chaleur étoit
moindre qu'à la hauteur où étoit
placé le thermométre.

*EXPERIENCE pour connoître à quel
degré de chaleur le froment nouveau perd la propriété de germer.*

La germination des grains eſt
probablement excitée par une
fermentation intérieure ; & comme la fermentation pouſſée à un
certain point eſt auſſi une cauſe très-prochaine de l'altération
qu'on craint & dont on veut ſe
garantir, on eſt porté à conclure que l'étuve ſeroit un moyen
bien avantageux de conſerver les
fromens, ſi elle détruiſoit en eux
la propriété de germer. Cette
conſéquence peut même être ap-
puyé de quelques expériences ;

car le froment de trois ans qui a presque perdu la propriété de germer, eſt, comme nous l'avons dit, beaucoup plus aiſé à conſerver que le bled nouveau. Quoi qu'il en ſoit de ces réflexions, elles m'ont engagé à examiner à quel degré de chaleur le froment perd la propriété de germer.

Du froment vieux qui avoit éprouvé 45 à 50 degrés de chaleur, n'a point germé ; mais comme il s'agiſſoit principalement de connoître ce qui arriveroit au nouveau, j'ai fait les expériences que je vais rapporter.

AUTRES EXPERIENCES.

Nous avons ſemé le 28 mars, 16 grains de froment de la derniere récolte, du même qui devoit ſervir pour les expériences que nous allons rapporter.

Le premier juin, il n'y avoit que 7 de ces grains non étuvés,

de

de levés ; ce qui prouve que presque la moitié de ce froment n'étoit point propre à germer.

On mit de ce même froment sur des assiétes qu'on plaça environ à la moitié de la hauteur de l'étuve, & le thermométre étant suspendu à cette même hauteur , on échauffa l'étuve jusqu'à 40 degrés. On sema le 2 avril seize de ces grains, & le 10 juin il s'en trouva neuf de levés ; ce qui prouve que ce degré de chaleur n'endommage point les germes.

Le même froment ayant resté 48 heures de plus dans l'étuve , on en sema 16 grains le 4 avril ; & le 10 juin on en trouva 5 de levés : comme des 16 grains de ce même froment non étuvé , il n'en a levé que 7 , on peut conclure que le froment de l'épreuve dont il s'agit, n'avoit pas souffert une grande altération pour

avoir été mis trois fois 24 heures dans l'étuve échauffée à 40
degrés.

Le même froment ayant été
remis à l'étuve, on augmenta la
chaleur jufqu'à 55 degrés; alors
on en tira un peu pour en fe-
mer 16 grains : le 10 juin on en
trouva 4 de levés.

Le même froment étant refté
dans l'étuve, trois fois 24 heures,
on en fema le 7 avril 16 grains; &
le 10 juin on en trouva 3 de levés.

Enfin comme pendant toutes
ces expériences, il y avoit du froment dans les tuyaux de l'étuve,
on en prit au hazard 16 grains,
qu'on fema le 7 avril ; & le 10
juin il y en avoit 5 de levés.

On voit par toutes ces expériences, qu'un degré de chaleur
qui a fuffi pour faire durcir des
œufs, n'a point détruit tous les
germes du froment ; mais il retarde beaucoup la germination,

puifque plufieurs grains n'ont levé qu'après avoir refté 6 femaines en terre.

REMARQUE.

On voit par ce qui a été dit
dans ce chapitre, qu'il eft très-
avantageux de bien deffécher les
grains qu'on fe propofe de conferver long-tems. Il eft vrai que
la chaleur de notre étuve eft rarement affez forte pour faire périr tous les charanfons ; mais elle
l'eft toujours affez pour exterminer les teignes. Il eft vrai encore
qu'elle ne détruit pas abfolument
tout principe de fermentation,
puifqu'il y a eu des grains qui ont
germé ; mais outre que la facul-
té de germer eft détruite dans un
grand nombre, elle eft fort ral-
lentie dans tous, puifqu'ils font
fix femaines à fortir de terre ; ce
qui ne permet pas de douter que
la difpofition à fermenter ne foit

très-affoiblie : un des avantages de notre étuve, qu'on doit regarder. comme très-important, eſt de diſſiper la mauvaiſe odeur que le froment a contractée.

Si on ſe rappelle ce que nous avons dit dans la deſcription de notre étuve, on conviendra que le ſervice en eſt aiſé, puiſqu'il ne s'agit, pour la charger, que de jetter le froment à la pêle dans une trémie, & pour la vuider que de tendre des ſacs ſous une trape qu'on ouvre ; de ſorte qu'avec notre petite étuve, nous pouvons deſſécher plus de 3 50 pieds-cubes de froment en 36 heures. Il ne reſte plus qu'à ſavoir ſi la conſommation du bois eſt conſidérable. Je me contenterai d'aſſurer que par les épreuves que j'en ai faites au château de Denainvilliers, où la corde de bois coûte rendue 18 livres: je n'ai employé que pour 30 ſols de bois pour chaque étuvée ; & j'ai échauffé la même étuve avec du charbon, presque pour le même prix : ainsi il est très-bien prouvé que l'opération d'étuver les fromens est très-bonne sans être ni coûteuse ni fatiguante.

CHAPITRE V.

Description du poële que nous employons pour chauffer l'étuve, avec l'explication de son usage.

Suivant M. Maréchal, les Italiens chauffent leurs étuves avec un poële de tôle à roulettes (*Planche V. Fig.* 1,) qui n'a point de couvercle, & dans lequel ils mettent de la braise de boulanger bien allumée.

Pour éviter les étincelles qui

P iij

pourroient mettre le feu aux claies qui font néceſſairement fort féches, nous avons cru qu'il feroit mieux de couvrir le petit poële avec une eſpéce de dôme percé de trous comme *A A* fur lequel feroit un petit couvercle *B* qu'on ôteroit quand on voudroit augmenter l'ardeur du feu.

J'avoue que je n'ai point chauffé notre étuve avec de la braiſe de boulanger, & que j'ai préféré du charbon vif, non-feulement parce qu'il donne beaucoup plus de chaleur que la braiſe, mais encore parce que le phlogiſtique ou les vapeurs du charbon qui ſuffoqueroient les infectes ne peuvent être qu'avantageuſes au grain en faiſant un obſtacle à ſa fermentation.

Malgré la plus grande ardeur du charbon vif, nous avons reconnu que la quantité de charbon que nous employions pour

chauffer l'étuve à un certain degré furpaſſoit un peu le prix du
bois que nous brulions dans notre
poële pour faire monter le thermométre au même degré. Cette
économie, qui n'eſt point à négliger dans de pareilles circonſtances, nous a déterminés à aban-
donner le fourneau à roulettes,
pour ne faire uſage que du poële
que nous allons décrire.

Nous avons dit dans l'article
précédent qu'il y avoit derriére
l'étuve une arcade de pierres de
taille ſous laquelle étoit placée
la bouche du poële : cette arcade vûe de face eſt repréſentée
(*Fig.* 2,) par les lettres *A*, & les
mêmes lettres (*Fig.* 3,) en repré-
ſentent la coupe & l'enfonce-
ment.

On voit (*Fig.* 2, & 3,) la porte *B* par laquelle on jette le bois
dans le poële : elle eſt fermée
par une plaque de fer battu (*a*),

comme la bouche d'un four de boulanger.

C repréſente dans ces mêmes figures une autre ouverture; elle répond ſous une forte plaque de fer fondu *D D* qui forme le foyer du poële. Cette ouverture *C* qui dans la figure 2, eſt repréſentée fermée par une plaque de forte tôle, ſe voit à demi ouverte dans la fig. 3.

La plaque de fer fondu *D D* eſt reçue dans de bonnes feuillures, & ſoûtenue de diſtance en diſtance par de petits piliers de brique, pour que le bois *E* qu'on jette deſſus ne la faſſe pas rompre.

Au bout de la plaque *D* & au fond du fourneau eſt placé un petit poële de fer fondu *F*. La porte de côté de ce petit poële eſt exactement fermée par une plaque de fer forgé qui eſt attachée avec des cloux rivés ſur le poële;

mais l'ouverture du deſſous *G* eſt ouverte & communique avec la bouche *C* (*Fig.* 2 , *&* 3,) par la cavité *D D* , *H H* qui eſt ſous la plaque : au reſte le bas de ce petit poële *F* (*Fig.* 3,) eſt exactement ſcellé avec des briques & de la terre à four.

Le tuyau *I* qui étoit deſtiné dans ſa conſtruction , à la décharge de la fumée de ce petit poële, eſt allongé par un tuyau de fer fondu *L*, dont l'ouverture *M* répond dans l'étuve : ces deux tuyaux ſont ſcellés dans un doſſeret de brique *N* qui ſert auſſi à fortifier le fond du grand poële.

On remplit de briques mal arrangées la cavité *F* du petit poële, & on le couvre de ſon dôme *O* qu'on lutte exactement avec la partie *F*: on appercevra dans peu la grande utilité de ce petit poële qui, comme on voit, n'a aucune communication avec le feu du grand poële.

Le corps du grand poële eſt formé par deux murs de briques *P P* ſur leſquels eſt établie une voûte *Q* (*Fig.* 4.)

La coupe de cette voûte eſt repréſentée *Q* (*Fig.* 3,) & on voit qu'elle ne s'étend pas juſqu'au fond *N* du poële ; mais qu'elle ſe termine à peu près à l'aplomb du petit poële *FO* : j'appelle la cavité *E* couverte par la voûte *Q*, la chambre inférieure du poële, nous allons parler de la ſupérieure.

On continue d'élever les jambages *P P* juſqu'en *R* (*Fig.* 4,) & à cette hauteur on place dans des feuillures une forte plaque de fer *S* ſur laquelle on éleve les banquettes de brique *T*, & on met ſur cette plaque *S* du ſable *V* à l'épaiſſeur d'environ 3 pouces. *X*, eſt le tuyau pour la décharge de la fumée : il eſt fait juſqu'à la naiſſance de la voûte avec des tuyaux de fer fondu qui ont 6 pouces de diamétre ; le reste jus-qu'au dessus du toît est en bri-ques, & c'est à cette partie qu'on a pratiqué le régistre représenté à la figure 4, du chapitre précé-dent.

La porte *B* du poële est au-de-hors de l'étuve ; mais en dedans d'un bâtiment, ce qui est com-mode pour celui qui conduit l'é-tuve & en même tems avanta-geux pour diminuer un peu le courant d'air qui entre par la por-te *B* ; car lorsque l'air de dehors est très-froid il traverse si rapide-ment le poële que la plus gran-de partie de la chaleur passe par le tuyau sans échauffer ni le poë-le, ni l'étuve, quoique le bois brûle très-vîte : il faut donc que la porte *B* ferme très-exactement, & y ménager de petites portes (*a*) pour ne laisser entrer que la quantité d'air qui est nécessaire pour faire brûler le bois.

On met le bois dans la chambre inférieure *E* sur la plaque *D D* & il brûle sous la voûte *Q*, de sorte que la fumée, l'air chaud & la flamme sont forcés d'aller de *E* en *Y* & de *Y* en *Z* avant de sortir par *X* : au moyen de ces zigzags le poële est bien mieux échauffé que si l'air chaud pouvoit passer tout de suite de *E* en *Z* pour sortir par *X*. La masse de brique dont le poële est rempli étant bien échauffée, elle conserve pendant long - tems une grande chaleur, qui entretient celle de l'étuve, ce qui n'est pas un petit avantage.

La plaque supérieure *S S* est surtout trés-échauffée ; c'est pour cette raison qu'on la couvre de sable *V* pour empêcher que les grains de froment qui tomberoient dessus ne se brûlent : d'ailleurs ce sable échauffé contribue

encore à entretenir la chaleur
dans l'étuve quand le feu est
éteint.

Par la disposition du grand
poële, il est évident que le petit
poële *FO* éprouve une terrible
chaleur, il est bientôt rouge,
de même que les briques qu'il
contient : ainsi l'air qui entre par
C étant échauffé & très-raréfié
dans la cavité *DD*, *HH*, & encore plus dans le poële *FO*, il doit
sortir brûlant par l'ouverture *M*
qui répond dans l'étuve : on conçoit que ce courant d'air chaud
doit beaucoup échauffer l'étuve
& contribuer à emporter les vapeurs qui s'échapent du froment,
surtout lorsqu'on ouvre les ouvertures *abc*, chapitre précédent, qui
sont au haut de la voûte de l'é-
tuve.

REMARQUES pour faciliter le servi-
ce de l'étuve.

Par ce qui a été dit ci-deſſus,
il eſt clair que pour emplir l'étuve il ne faut que jetter le froment
à la pêle dans les trémies qui ſont
dans le grenier du deſſus de l'étuve ; on a bientôt ſatisfait à cette
premiére opération qui ne demande aucune précaution.

Toutes les portes & les ouvertures de la voûte du grenier étant
fermées, on allume le poële, &
dans nos épreuves, nous avons
conſommé en cinq heures de
tems pour 20 à 30 ſols de bois,
ce qui a ſuffi pour étuver près de
200 pieds-cubes de froment. De
tems en tems on ouvre la petite
trape *a* du milieu de la voûte, &
on tire le thermométre pour connoître la chaleur de l'intérieur
de l'étuve : mais il faut avoir la

précaution de mettre au-deſſus du tuyau qui décharge l'air chaud, une plaque de tôle pour détourner le courant d'air & empêcher qu'il ne ſe porte tout de ſuite ſur le thermométre ; car outre que ſans cette précaution on jugeroit mal de la chaleur de l'étuve, cette grande chaleur m'a fait rompre pluſieurs thermométres à eſprit de vin.

Il eſt encore à propos d'être prévenu qu'il faut que le thermométre deſcende juſqu'au milieu de la hauteur de l'étuve ; car comme l'air chaud eſt plus léger que celui qui l'eſt moins, la chaleur eſt toujours plus grande au haut de l'étuve qu'au bas.

Lorſque le thermométre eſt monté à 50 ou 60 degrés, on peut ceſſer de mettre du bois dans le poële ; & ſitôt que celui qu'on y a mis eſt réduit en braiſe, il faut fermer exactement les portes du poële & le régiftre qui eft au tuyau de la cheminée, 4 (*Fig.* 4,) du chapitre précédent.

Si on a allumé le feu à fix heures du matin, on peut ordinairement fermer les portes *B C* & le régiftre 4 à midi. On laiffe tout fermé jufqu'au lendemain fix heures du matin, alors on ouvre les trois trapes de la voûte *a b c* & l'ouverture *C* qui eft audeffous de la porte du poële pour laiffer fortir les vapeurs humides : enfin on peut le foir ou le lendemain matin vuider l'étuve pour la remplir fur le champ de nouveau froment, afin de profiter de la chaleur des murailles & des tablettes qui eft encore confidérable.

Le froment qui fort de l'étuve ne doit pas être mis fur le champ dans nos greniers, il faut le laiffer fe refroidir dans le grenier de dépôt ; mais auffi-tôt qu'il

eft

eſt froid, il faut le paſſer par le
crible à vent pour ôter la pouſſiére que l'humidité rendoit adhérente au froment : après ce nétoyement on peut le dépoſer
dans nos greniers de conſervation ; alors on eſt déchargé de
preſque tous ſoins, & entiérement à couvert de toute ſorte de
déchet, dût-il être conſervé pendant dix ans.

Nous avons dit, que quand l'é-
tuve étoit échauffée à 60 degrés,
le froment acquéroit un degré
de ſéchereſſe ſuffiſant en le tenant 36 ou 48 heures au plus
dans l'étuve : mais cette régle
varie ſuivant que le froment eſt
plus ou moins humide ; ainſi il eſt
bon d'être prévenu que l'on peut
reconnoître ſi le froment eſt ſuffiſamment ſec en le caſſant ſous
la dent ; car ſi étant froid il
rompt comme un grain de riz,
ſans que la dent y faſſe d'im-

preſſion, il eſt aſſez ſec. Je dis quand il eſt froid, parce qu'il continue à perdre de ſon poids en ſe refroidiſſant dans le grenier de dépôt ; mais ſitôt qu'il eſt refroidi, il le faut renfermer dans nos greniers, pour qu'il ne reprenne pas de l'humidité de l'air, pour qu'il ne ſe charge pas de pouſſiére, & pour le mettre, le plutôt qu'il eſt poſſible, hors de l'atteinte des animaux qui cherchent à s'en nourrir.

Nous avons prouvé dans le chapitre précédent, que cette opération n'eſt pas coûteuſe, puiſqu'avec 20 ou 30 ſols de bois on peut étuver 150 ou 200 pieds cubes dans une fort petite étuve ; elle n'eſt point embarraſſante, puiſqu'il ne s'agit que de jetter à la pêle le froment dans les trémies pour charger l'étuve, & qu'elle ſe vuide d'elle-même dans les ſacs. Enfin elle eſt expéditive, puisqu'en augmentant un peu l'élévation de notre petite étuve, on pourroit, en 36 ou au plus 48 heures, dessécher 250, ou 300 pieds-cubes de froment. C'est ce que nous nous étions proposé de prouver ; mais avant de terminer cet article, il est bon de remarquer qu'un fermier qui n'auroit à conserver que 1000 ou 1200 pieds - cubes de froment, ne seroit pas obligé de construire l'étuve que nous venons de décrire ; il pourroit, avec des claies, en faire à peu de frais une petite, qui quand elle n'auroit que 5 à 6 pieds en quarré suffiroit pour dessécher ses fromens & même ceux de ses voisins ; de plus s'il vouloit épargner la construction de notre poële, un grand fourneau de tôle (*Fig.* 1,) suffiroit pour échauffer avec du charbon cette petite étuve.

Q ij

On pourra encore augmenter l'effet du poële en employant des tuyaux de tôle exactement fermés, qui communiquent par un de leurs bouts, qui doit être ouvert, avec la chambre inférieure du poële : Voyez *la planche V. figure* 4, & ce que nous difons à ce fujet à la fin de ce Chapitre.

Pour les petites étuves, (*Fig.* 7, addition aux *planches III. & IV.*) on pourra fe contenter de les chauffer avec un poële de fonte ordinaire, dans lequel il faudra mettre le bois par le dehors ; ou bien, faire avec des briques ou des tuiles rompues &c. un poële fimple, dont on peut fe former une idée par la chambre inférieure de notre poële ; elle eft repréfentée, *planche V. figure* 4, par les lettres D, D, Q. Ce fera une efpece de four, auquel on ajuftera un tuyau pour la décharge de la fumée. Enfin on pourra chauffer ces petites étuves avec un poële de terre cuite, ou même avec de la braise qu'on mettra dans le fourneau de la *Planche V. figure* 1. Mais dans tous ces cas, il faut prendre des précautions contre les accidents du feu, car les planches & les claies seront très-séches & par conséquent faciles à s'enflammer.

EXPLICATION DES FIGURES.

Figure 1. Le petit poële de tôle dont se servent les Italiens. *A A*, Grand couvercle pour arrêter les étincelles. *BB*, Petit couvercle qu'on ôte pour augmenter l'action du feu.

Figure 2. Notre poële vû de face. *A A*, Arcade de pierres de taille au fond de laquelle sont les ouvertures du poële. *B*, Ouverture du poële par laquelle on met le bois. *a*, Petite porte pour donner plus ou moins d'air, fuivant qu'on veut que le bois brûle plus ou moins vîte. *C*, Ouverture par laquelle entre l'air qui doit s'échauffer dans le petit poële. *Figure* 3. Coupe longitudinale du poële. *A*, le revêtement de pierres de taille cotté *A* dans la *Fig.* 2. *B*, la porte du poële cotté de la même lettre dans la *Fig.* 2. *Q*, coupe de la voûte qui fépare la chambre inférieure du poële, de la fupérieure. *E*, chambre inférieure ou foyer où l'on met le bois. *E*, *Y*, *Z*, *X*, route que la fumée & l'air chaud fuivent pour fortir du poële. *SS*, forte plaque de fer fondu qui ferme le deffus du poële. *N*, *N*, derriére du poële. *T*, *T*, bordure de briques qui sert à bien sceller la plaque *S*, pour que la fumée ne passe pas par les jointures. *V*, couche de sable qu'on met sur la plaque *S*. *D*, *D*, forte plaque de fer fondu qui forme le foyer du poële : elle est soutenue par de petits piliers de briques qui ne sont point marqués dans la figure. *C*, ouverture par laquelle entre· l'air du dehors. *D D*, *H H*, cavité sous le foyer par laquelle passe cet air pour entrer dans le petit poële de fer fondu *F* par l'ouverture *G*. *O*, dôme ou couvercle de ce petit poële. *I L*, *M*, tuyau par lequel l'air chaud sort dans l'étuve.

Figure 4. Coupe transversale de l'étuve. *DD*, *HH*, cavité sous le foyer par laquelle passe l'air du dehors qui doit s'échauffer dans cette cavité & dans le petit poële de fer fondu. *DD*, Plaque de fer fondu qui forme le foyer. *P P*, Montans de briques qui forment les côtés du poële. *Q*, La voûte qui forme la chambre inférieure & la chambre supérieure du poële. *E*, Le foyer. *SS*, plaque de fer fondu qui forme le deſſus de la chambre supérieure de l'étuve. *R R*, *TT*, feuillures & petits montans de briques qui ſervent au ſcellement de cette plaque. *V*, ſable qui recouvre cette plaque. Le tuyau *b c d* qu'on voit ponctué, eſt un tuyau de tôle exactement fermé par-tout, excepté à ſon extrêmité *b* qui répond au foyer du poële : le bout *d* doit être fermé aſſez exactement pour que la fumée du poële n'y puiſſe paſſer : l'air contenu dans ce tuyau s'échauffe & répand de la chaleur autour

de

de lui ; ainſi de pareils tuyaux peuvent ſervir non-ſeulement à échauffer la maſſe d'air de l'étuve ; mais on peut encore les conduire aux endroits qu'on veut plus échauffer que les autres. Car quoique ces tuyaux ne communiquent qu'une chaleur douce, ils ne laiſſent pas de produire un bon effet, ſur-tout quand ils ſont d'un grand diametre ; & pour qu'ils ſoient moins embarraſſants, on peut les faire quarrés & plats.

On voit dans la troiſiéme planche le plan de ce poële, (*fig.* 2.) 9. Le corps du poële. 10. Le tuyau pour la décharge de la fumée. 11. Le tuyau par lequel ſort l'air chaud. (*Fig.* 3.) la coupe longitudinale de ce poële. Dans la figure 4, *de la Planche IV.* le derriére du poële ; & 14 la ſoupape qui ferme le tuyau.

R

Nous nous sommes affés étendus fur tous ces articles pour pouvoir nous perfuader que nous avons fatisfait à tout ce qu'on pourroit defirer fur le nettoyement & le defféchement des grains. Nous allons maintenant parler des Greniers de Confervation.

CHAPITRE VI.

Des Greniers de conferva-tion.

QUand les fromens ont été parfaitement néttoyés par les différens cribles dont nous avons parlé, & qu'ils ont été bien defféchés dans l'étuve dont nous avons donné la defcription, il faut les renfermer promptement dans les greniers de confervation. Mais ces greniers doivent

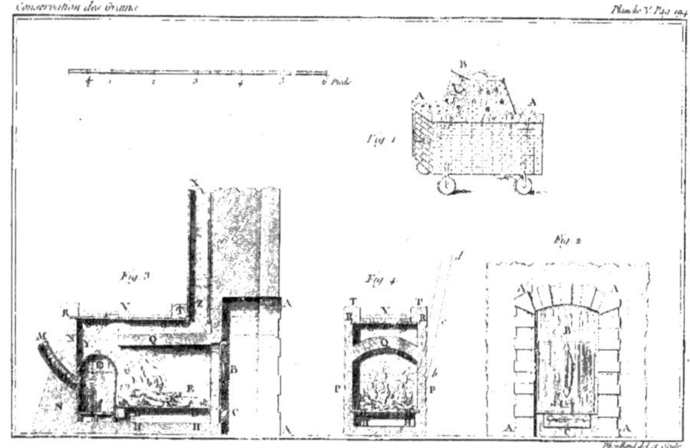

Morand del. et Sculp.

être différemment conſtruits ſuivant la quantité de froment
qu'on ſe propoſe de tenir en ré-
ſerve ; car ce ſeroit mal entendre l'intérêt d'un particulier qui
ne veut conſerver que ce qu'il
lui faut de froment pour la ſubſiſtance de ſa famille , que de
l'engager à faire pour ce petit
approviſionnement une premiére
dépenſe qui , quand elle ne ſeroit pas au-deſſus de ſes forces ,
augmenteroit beaucoup le prix
de la petite quantité de froment
qu'il veut ſe réſerver : en ce cas
il ſeroit forcé de renoncer à profiter de nos recherches. Il eſt
néanmoins avantageux de mettre les particuliers en état de faire leurs proviſions dans les années d'abondance ; puiſque c'eſt
autant de citoyens qui ne ſe reſ-
ſentent point des diſettes , & qui
dans les tems de calamité ne
tirent point leurs ſubſiſtances des

marchés. On eſt heureux quand l'économie des particuliers peut tendre au ſoulagement de l'Etat. On peut à l'égard du froment faire encore plus, puiſqu'il eſt poſſible de tourner à l'avantage du public les grands magazins qui auroient été faits dans la vûe d'un profit perſonnel.

Ces conſidérations nous ont déterminés à donner les plans de pluſieurs eſpéces de greniers, pour que chacun puiſſe choiſir celui qui conviendra à ſes vûes & à la ſituation de ſa fortune.

DESCRIPTION d'un petit grenier pour la ſubſiſtance d'une famille. Pl. VI.

Le grenier repréſenté (*Fig.* 1 & 2,) n'eſt autre choſe qu'une cuve ſemblable à celles qui ſervent pour les vendanges : il n'importe qu'elle ſoit cerclée de bois ou de fer ; mais les joints doi-

vent être aussi exacts que s'il étoit
question de contenir quelques
liqueurs.

Les planches du fond inférieur
plieroient sous la charge du froment comme sous celle du raisin,
si elles n'étoient pas soutenues
par des chantiers ou piéces de
bois quarrées (*a*) qui doivent
croiser ces planches & être po-
sées immédiatement sous elles.
Les tonneliers les appellent
quelquefois des *coches*, parce
qu'elles sont cochées ou entaill-
lées vis-à-vis les douves de long,
de toute l'épaisseur du jable.

Au haut des planches verticales ou des douves de long, il y a
en (*b*) (*Fig.* 1,) une feuillure pour
recevoir les planches ou les douves du fond supérieur (*c*) (*Fig.* 2.)
Quand les planches verticales
qui forment les parois de la cuve sont trop minces pour y pratiquer la feuillure dont on vient de

R iij

parler, on cloue tout autour un cercle de bois fur lequel les planches du fond fupérieur repofent comme fur des fabliéres.

Pour donner plus de folidité à ce fond fupérieur fur lequel on eft quelquefois obligé de marcher, on met par deſſous les planches (c) dont on vient de parler deux membrures de deux pouces ou deux pouces & demi d'épaiſ-feur qui croifent les planches & qui repofent par le bout fur des taſſeaux : ces membrures font ponctuées fur la figure 2.

On fait à différens endroits des ouvertures (d) de 4 à 5 pouces de diamétre aux planches (c) ; elles fervent à laiſſer é-chapper l'air quand on fait jouer les foufflets ; mais le refte du tems on les ferme exactement par des efpéces de bondons (e) pour qu'aucun animal ne puiſſe entrer dans le grenier.

Dans l'intérieur de la cuve on pose sur le fond d'en bas, deux rangs de tringles de bois ou lambourdes qui ont chacune environ deux pouces d'épaisseur. Ces tringles se croisent à angles droits & forment une espéce de grillage (*Fig. 3.*) On cloue sur les tringles (*g*) qui recouvrent les autres, des lattes jointives comme si on vouloit faire un plat-fond, & on étend sur ces lattes un fort canevas qui les couvre exactement dans toute l'étendue de la cuve.

On peut, au lieu de lattes clouées sur des lambourdes, en mettre qui soient liées avec de l'osier, comme des clayes. Cette disposition a cela de commode, qu'on peut quand on vuide les greniers ôter les clayes & nettoyer la poussiére qui se ramasse toujours sous le grillage. Cette remarque a son application à

R iiij

toutes les espéces de greniers dont nous allons parler.

Les deux épaisseurs des tringles, les lattes & le canevas font qu'il y a environ 4 pouces & demi de distance du fond de la cuve jusqu'au froment qu'on verse sur le canevas : cette épaisseur est nécessaire pour que l'air des soufflets puisse se distribuer partout.

Comme le froment qu'on met dans le grenier a besoin d'être quelquefois rafraichi par de nouvel air, on mettra à portée de la cuve deux petits soufflets (*h*) (*Fig.* 2,) avec un porte-vent (*i*) qui aboutira à une ouverture qu'on pratiquera au fond de la cuve.

Sans avoir recours à aucune machine, un homme appliqué au bout du levier (*l*) peut aisément faire jouer les soufflets. Néanmoins il est à propos d'éviter de faire ce travail à bras ; car

j'ai éprouvé qu'un ouvrier même
de bonne volonté, se rebute
bien-tôt d'un travail dont il n'apperçoit point le fruit. Si on mettoit un fort jardinier à bêcher de
l'eau, quoique ce fluide réfiftât
moins à la bêche que la terre
qu'il laboure ordinairement, on
le verroit bien-tôt rebuté : il en
eft de même de celui qu'on charge de faire mouvoir les foufflets;
n'appercevant point le fruit de
fes peines, il fe rebute & fe
contente bientôt d'entendre le
brüit des foûpapes : cependant
cela ne fuffit pas ; il faut pour rafraichir le froment, que les diaphragmes des foufflets parcou-
rent vivement toute l'étendue
de la caiffe : ainfi pour s'affurer
fi l'air traverfe bien le froment, il
fera à propos de mettre fur les
ouvertures du fond fupérieur des
linges qui s'éléveront d'autant
plus que l'air en fortira plus abon-

damment ; ou bien on fera jouer ces soufflets par une manivelle coudée qu'on fera tourner avec une roue creuse comme celles des tournes-broches dans laquelle un homme marcheroit ; peut-être même (si la machine étoit bien faite,) pourroit - on substituer un gros chien ou une chévre à un homme : ce sont-là de ces petites industries que chacun peut & doit imaginer.

Si ce grenier avoit neuf pieds de diamétre en dedans & cinq pieds de hauteur, à compter depuis le dessus du canevas jusqu'à la feuillure qui reçoit le fond supérieur, il contiendroit 300 pieds-cubes de froment. Il est évident qu'en changeant les dimensions de ces greniers, on peut les rendre propres à conserver depuis 100 jusqu'à 600 pieds-cubes de froment ; mais passé ce terme, je conseille d'avoir recours au grenier dont je vais parler.

DESCRIPTION *d'un grenier de moyenne grandeur, pour un fermier ou un Seigneur qui n'a pas de gros revenus en grains.* Pl. VI.

Ce grenier n'est autre chose qu'une grande caisse (*Fig.* 4,) qui aura, si l'on veut, 13 pieds de côté sur 6 de hauteur.

Elle est formée par des planches (*a*) de 2 pouces & demi d'épaisseur placées les unes à côté des autres à plat-joint, mais elles sont retenues & forcées les unes contre les autres par des moises (*b*) qui ont environ 4 pouces d'équarissage, qui sont assemblées à leur extrémité (*b*) par de forts tenons & de grandes mortoises, dans lesquelles entrent des coins, qui étant frappés serrent fortement les planches de long les unes contre les autres.

On donne à chaque côté un bombement d'un pouce ou un pouce & demi, pour que les planches, au lieu de rentrer en dedans, s'appliquent contre les moifes.

Les planches qui forment le fond d'en bas font reçues par leur extrêmité dans une grande rainure ou efpéce de jable, & foutenues par des piéces de bois quarrées (*c*) (*Fig. 6,*) femblables à celles qui font cottées (*a*) (*Fig.* 1.)

Le fond fupérieur eft reçu dans une feuillure qu'on voit en (*d*) (*Fig.* 6,) & foutenu en deffous par des traverfes (*e*); enfin on y pratique des ouvertures comme au-deffus du petit grenier dont nous avons parlé plus haut.

La figure 6 repréfente la coupe de ce grenier pour faire voir le double rang de lambourdes, le satt es & une toile de crin

qu'on étend pour recevoir le froment.

Cette toile doit être semblable à celle que les brasseurs em-
ploient pour sécher leur grain :
on en trouve dans la plûpart
des grandes villes. On pourroit
substituer à la toile de crin un
treillis de fil de fer ou de cuivre
semblable à celui des cribles in-
clinés ; mais comme cette dépense seroit considérable, il suffit
d'employer une forte toile de
crin, ou à son défaut, une claie
d'osier fort serrée, semblable à
celles qui forment les tuyaux de
notre étuve.

Si l'on donne à ces greniers
13 pieds de côté sur 6 de haut,
ils contiendront mille pieds-cubes de froment.

Nous ferons remarquer en passant, qu'en suivant l'usage ordinaire, il faudroit, pour conserver ces milles pieds-cubes, un

grenier de 58 pieds de longueur fur 19 de largeur qui auroit onze cens pieds de fuperficie.

Pour rafraichir le froment, on établit à une petite diftance du grenier un grand foufflet, ou, encore mieux, deux moyens (*f*) (*Fig.* 5 & 6,) dont les diaphragmes font mûs par un âne, au moyen d'une machine fort fimple dont voici la defcription.

(*g*) Eft un arbre tournant pofé verticalement; (*h*) eft un levier de 9 à 10 pieds de longueur, à mefurer depuis le centre de l'arbre tournant jufqu'au milieu de la piéce de bois (*i*) qui fert à fupporter le palonier (*l*), où un âne eft attelé.

L'arbre tournant (*g*) emporte avec lui le rouet (*m*) qui a environ 5 pieds & demi de diamétre, à compter du centre des dents qui font diamétralement oppofées; & ce rouet porte 48

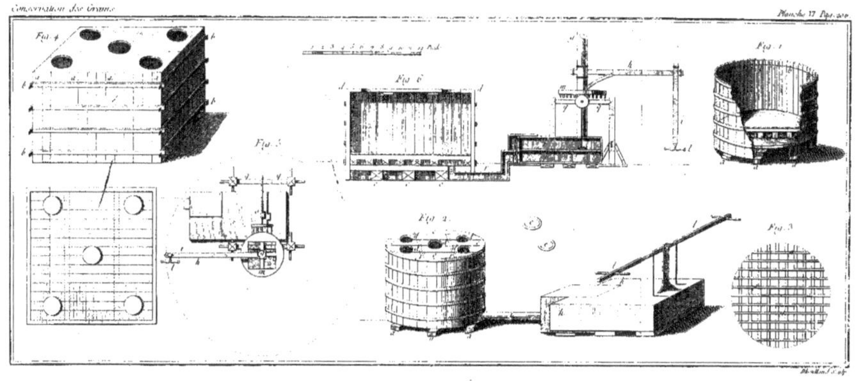

Conservation des Grains.
Planche 17. Page 263.
Fig. 4.
Fig. 3.
Fig. 6.
Fig. 1.
Fig. 2.
Fig. 5.

dents qui engrainent dans la lanterne (*n*) qui n'a que six fuseaux. Cette lanterne fait tourner une manivelle coudée (*o*) qui fait mouvoir les tringles qui répondent aux diaphragmes des soufflets.

Toutes ces piéces sont retenues par un bâti de charpente (*q*) qui assujettit aussi les soufflets ; car il est important qu'ils le soient fermement. Chacun donnera à cette charpente la forme qu'il jugera être la meilleure.

GRENIERS plus grands que les précédens qui peuvent convenir à des Seigneurs, à des Receveurs, à de petites Communautés, &c. Pl. VII.

Ces greniers consistent en une tour *A.* (*Planche VII. Fig.* 1.) Elle peut être quarrée ou ronde. Le dessous de cette tour est occupé par une cave, pour dessécher l'étage où doit être le froment : le plancher inférieur de cet étage doit être élevé de 4 ou 5 pieds au-deſſus du terrein.

Le vrai grenier ou l'endroit où le froment eſt renfermé ſe trouve compris depuis *A* juſqu'en *B*, & à dix pieds de hauteur y compris l'épaiſſeur des lambourdes, des lattes, de la toile de crin ; pour qu'on puiſſe mettre le froment à huit pieds d'épaiſſeur.

Au-deſſus de ce grenier eſt un étage qui n'a que 5 ou 5 $\frac{1}{2}$ pieds de hauteur depuis *B* juſqu'à *C.* C'eſt dans cet étage que ſont les ſoufflets & les trapes qu'on ouvre quand on évente le froment. *D* eſt le porte-vent.

Le deſſus de cet étage eſt formé en terraſſe à laquelle on ne donne qu'un pied ou un pied & demi de pente. Cette terraſſe doit être faite avec d'excellens carreaux ajointoyés avec du lut gras

gras ou du maſtic, comme il ſera expliqué dans l'article ſuivant.

Sur le milieu de cette terraſſe eſt établie une petite tour de charpente couverte de planches minces comme les moulins à vent : elle ne doit avoir tout au plus que 8 pieds de diamétre ſur 10 à 11 de hauteur, & elle eſt couverte d'un toît de bardeau, comme les toîts des moulins qui ſont renfermés dans des tours de maçonnerie.

Ce toît auquel répond une queue *E* pour le tourner au vent, emporte avec lui une manivel-le qui a un coude de 6 à 7 pou-ces, qui doit répondre préciſé-ment au centre de la tour, com-me on le voit en *F figure* 2. Cette manivelle porte à une de ſeséxtrémités des ailes obliques à peu près pareilles à celles des moulins ordinaires, & au moyen du coude elle fait mouvoir directement & sans roue ni renvoi, la tringle *G* (*Fig. 2,*) de bois ou de fer qui fait hausser & baisser le diaphragme du soufflet.

H représente un étrier de fer qui joint la partie *G* de la tringle avec la partie *I*, au moyen d'un bouton d'une douille qui est traversée par une clavette. Quand on veut orienter le moulin, on ôte la clavette; alors la partie *G* de la tringle tourne avec la manivelle, pendant que la partie *I* reste adhérente au soufflet. On remet ensuite la clavette sous l'étrier & le soufflet peut jouer.

On pourroit éventer ce grenier avec un manége semblable à celui qui est représenté *Pl. VI.* (*Fig. 6* ;) mais j'ai voulu donner une idée de l'application des aîles des moulins ordinaires à nos moulins à éventer. Au reste on peut disposer ce petit moulin de

bien des façons, & il n'y a point
de charpentier qui concevant
qu'il ne s'agit que de faire mouvoir les soufflets, n'en imagine
une qui satisfera à ce qu'on désire.

Si le grenier, dont il s'agit, contenoit une masse de froment de
18 pieds de diamétre sur 8 de
hauteur, il contiendroit à peu
près 4000 pieds-cubes.

M. Hales à qui j'avois fait part
de l'établissement de mon grand
grenier, ne pouvoit pas manquer
de s'intéresser au succès d'une recherche aussi utile. Beaucoup
plus flatté de l'avantage qui en
devoit revenir aux pauvres, que
d'une application heureuse du
soufflet qu'il avoit inventé, il
m'en témoigna sa satisfaction par
une lettre dans laquelle, après
m'avoir fait remarquer que les
moulins horisontaux ont peu de
force, il m'invitoit à essaier d'é-

tablir mes greniers à portée d'u-
ne riviére, qui faisant mouvoir
les soufflets avec beaucoup plus
de puissance, mettroit en état
de rassembler le froment à une
plus grande épaisseur ; car il n'est
pas douteux qu'il faut plus de force pour obliger l'air à traverser
un tas de froment fort épais,
qu'un qui le seroit moins.

Mais si on vouloit se servir des
aîles ordinaires, on pourroit imi-
ter la disposition que M. Hales
leur a donnée à l'établissement
qu'il a fait à Newgatte (la principale prison de Londres) pour faire
mouvoir en même tems deux pai-
res de soufflets établis l'un sur
l'autre, dont les diaphragmes ont
chacun neuf pieds de long sur
quatre pieds & demi de largeur,
& qui peuvent chasser par heure
sept mille tonneaux ou deux cens
quatre-vingt-mille pieds-cubes
de l'air infecté des prisons.

M. Hales fait agir ses soufflets par le moyen d'un petit moulin à vent établi au-dessus de la prison. Les aîles de ce moulin sont au nombre de 8, & n'ont que 6 à 8 pieds de longueur ; elles font avec le vent un angle de 55 à 60 degrés (*Fig. 3.*) Nous ferons seulement remarquer qu'il nous faut beaucoup plus de puissance pour obliger l'air à traverser un tas de froment assez épais, qu'il n'en faut à M. Hales, qui ne s'est proposé que de transporter une masse d'air d'un lieu à un autre.

M. Hales m'a envoyé la description exacte de la machine qu'il a fait construire à la prison de Newgatte : je compte * la rendre publique ; mais pour notre objet il suffira de donner le plan des aîles qu'il a appliquées à son moulin : je crois qu'on en peut faire usage pour nos greniers, en

* Dans le Journal Œconomique.

augmentánt les aîles proportion-
nellement à l'effort que l'air é-
prouve pour traverſer le tas de
froment qu'on veut éventer. On
pourra les faire, par exemple,
de 10 pieds de longueur au lieu
de 7 que **M.** Hales leur a donné :
je prie cependant qu'on ne prenne point cette longueur des aîles pour une dimenſion préciſe ;
car n'ayant point fait exécuter de
pareilles aîles, je ne ſçai point
quel en peut étre l'effet.

L'idée fort ſuperficielle que
je viens de donner du grenier
de médiocre grandeur, ſuffira
pour en établir avec facilité,
quand on aura la deſcription dé-
taillée que nous allons donner
du grenier que nous avons fait
bâtir au château de Denainvilliers près Pethitviers.

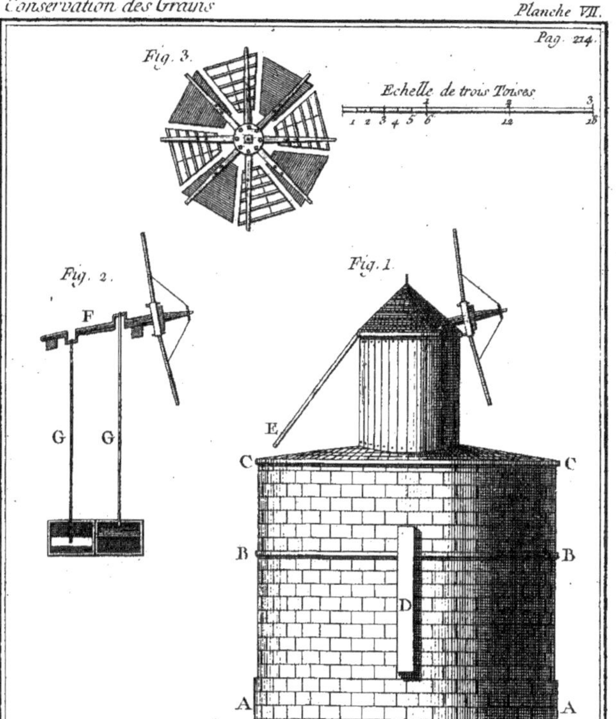

Pag. 214.
Fig. 3.
Echelle de trois Toises
1 2 3 4 5 6   12   18
Fig. 2.
Fig. 1.
F
G G
E
C C
B B
D
A A
Dheulland Sculp.

DESCRIPTION d'un grand grenier pour l'approvifionnement d'une petite Communauté, ou d'un Hôtel-Dieu de province.

Quand on fe propofe de conferver depuis 4 jufqu'à 15, 20, 25 mille pieds-cubes de froment, il eft à propos de faire jouer les foufflets par un moulin à vent : ou par un courant d'eau, fi l'on en a la commodité. Nous avons exécuté le moulin à vent dans une de nos terres qui eft fituée en Gâtinois, tout auprès de Pethitviers. La defcription que nous allons donner de nôtre grenier fuffira aux architectes pour en faire conftruire de beaucoup plus grands.

Notre grenier eft pratiqué dans une tour ronde (*Pl. VIII. Fig.* 1,) d'environ trente - deux pieds d'élévation depuis la terre jufqu'à la plate-bande qui foutient, l'égout fur vingt-fix pieds de diamétre en dehors des murs, qui étant de deux pieds & demi d'épaiffeur, laiffent le diamétre intérieur de vingt-un pieds.

Le bas de cette tour (*Fig.* 2,) eft occupé par une cave voûtée, afin que l'étage où l'on doit mettre le froment en foit plus fec. On voit en (*a*) (*Fig.* 1 & 3,) l'efcalier qui y conduit, & en (*b*) la porte par laquelle on entre dans cette cave : la figure 3 en repréfente le plan, ainfi *A* en eft l'étendue, & (*c*) le foupirail.

B (*Fig.* 2 & 4,) repréfente l'étage où on met le froment : c'eftlà le grenier proprement dit, qui a en dedans vingt-un pieds de diamétre & dix pieds de hauteur du carreau aux folives : on a foin que le plancher du bas de ce grenier foit de 4 ou 5 pieds plus élevé que le niveau du terrein.

On

On voit à cet étage une pierre plate (*d*) posée fur le carreau : elle eft deftinée à recevoir le bout du montant ou étanfe (*e*) (*Fig.* 2,) qui fert à fortifier le plancher que la charge de l'arbre tournant, du rouet & des aîles, dont nous parlerons dans la fuite, pourroit ébranler.

(*f, f*) font les lambourdes, les lattes & la toile de crin du faux plancher fur lequel pofe le froment. La figure 4 repréfente le plan de cet étage : (*g*) eft une ouverture pour recevoir le bout du porte-vent dont on parlera dans la fuite ; il fe divife en patte d'oye fous les lattes, & tient lieu de lambourdes.

(*h, l,*) (*Fig.* 1 & 5,) défignent l'efcalier pour monter à cet étage. La partie (*h*) eft en pierre & expofée à l'air : la partie (*l*) eft en bois & renfermée dans un petit bâtiment pratiqué pour pla-

T

cer les escaliers ; (*i*) est la porte pour entrer dans ce bâtiment ; (*m*) est une porte pour entrer dans l'étage des soufflets. Toutes ces choses sont représentées dans le plan , (*Fig.* 5.)

L'étage *B* est donc destiné à être rempli comble de froment : on peut le séparer en deux parties par une cloison qui le traverse pour séparer les fromens de différente qualité & de différente récolte.

C, est l'étage du dessus du grenier où sont les trapes (*n*) , (*Fig.* 2 & 5 ,) par lesquelles on emplit & on vuide le grenier ; (*o*) les soufflets & le rouage qui les fait mouvoir. Cet étage n'a que 6 pieds de hauteur.

On y voit un arbre vertical, posé au milieu de la tour : les aîles qui sont à l'étage supérieur le font tourner. Cet arbre emporte avec lui un rouet qui a 40 alluchons ; il engraine dans une lanterne qui a 12 fuſeaux ; & cette lanterne a pour axe une manivelle à double coude qui fait jouer deux grands ſoufflets.

Le vent des ſoufflets ſe réunit en (p) (*Fig.* 5,) & au moyen du porte-vent $(p, q,)$ (*Fig.* 1,) il eſt porté ſous le faux plancher, où il ſe répand entre les lambourdes : (q, r) ſont des fenêtres qui ſervent à donner de l'air & du jour à cet étage.

Il eſt bon de remarquer que ſous les trapes (n) il y a une grille de fer fermante à clef, garnie d'un treillis de fil de fer aſſez ſerré pour empêcher les ſouris & les oiſeaux d'entrer dans le grenier quand les trapes ſont ouvertes : avec cette précaution on eſt encore à l'abri des infidélités que le gardien pourroit commettre.

L'étage D qui a 15 ou 16 pieds de hauteur contient les aîles ho-

rifontales de cette efpéce de
moulin qu'on connoît fous le
nom de *moulin à la Polonnoife*.

S, font des piliers de pierres
de taille qui foutiennent le toît,
& qui donnent un commencement de direction au vent qui
doit faire tourner les aîles : la figure 6 en repréfente la coupe :
(*t*) eft un bâti de charpente fur lequel on cloue des planches pour
former des efpéces de bajolliers
qui font deftinés à conduire le
vent fur les aîles qui font renfermées dans le polygone (*u*,) (*Fig.*
6 ;) ainfi les piliers de pierres de
taille font avec les bajolliers dont
on vient de parler, une efpéce
de coin dont la pointe répond
aux angles (*u*) du poligone, &
la bafe à la circonférence extérieure de la tour ; de forte qu'un
des côtés du coin doit être tan-
gent à un cercle qu'on imagi-
neroit tracé dans l'intérieur de

l'étoile qui porte les aîles.

Si l'étage étoit voûté au-deffus
des foufflets, on pourroit faire
une grande partie des bajolliers
en pierre ; mais comme au grenier que nous avons fait bâtir,
cet étage n'eft qu'un fimple plancher, nous avons fait enforte
que la maçonnerie n'excédât pas
en dedans le vif du mur.

On conçoit encore qu'on
pourroit faire les piliers en moël-
lons en place de pierres de taille,
fur tout fi le diamétre de la tour
étoit beaucoup plus grand que
nous ne l'avons fait.

Enfin on pourra faire les piliers & les bajolliers en bois dans
les endroits où le bois eft plus
commun que la pierre.

Mais on doit remarquer à l'é-
gard des bajolliers, qu'une partie
eft dormante, & l'autre qui eft
fufpendue par des pentures & des
gonds, forme de vrais contre-

vents, qui étant ouverts servent à diriger le vent sur les aîles; & quand ils sont fermés & rabattus sur les traverses du polygone (*u*), ils empêchent le vent & la pluie de donner sur les aîles qui alors sont exactement renfermées.

Comme dans la hauteur du grenier il y a trois rangs de traverses ou trois polygones, semblables à celui qui est représenté (*u*, *Fig.* 6,) les contrevents ne peuvent être ébranlés par le vent quand ils sont fermés : le jeu des contrevents est représenté (*Fig.* 6,) par des lignes courbes ponctuées.

Pour expliquer la situation des aîles, je suppose les contrevents ouverts, quoiqu'ils soient fermés dans la figure 1 , & je demande qu'on imagine que sur l'arbre tournant & vertical (*e*) on ait assemblé haut & bas deux étoiles de légére charpente, ou de menuiſerie ſemblable à celle qui eſt repréſentée par (*x*, *Fig.*6,) & dont la coupe ſe voit (*x*, *Fig.*2:) les ſeules faces (*y*, *y*) de ces étoiles (*Fig.*6,) ſont revêtues de planches minces, comme on le voit, (*y*, *y*, *Fig.*2 ;) ainſi le reſte n'eſt qu'un bâti pour donner de la ſolidité à la branche (*y*, *y*, *Fig.* 6,) qui ſupporte les planches minces ou les aîles.

Z, (*Fig.*6,) eſt un etrape pour paſſer de l'étage *C* où ſont les foufflets dans l'étage *D* des aîles.

Comme les piliers de pierres de taille *S* & les bajolliers (*t*) laiſſent entr'eux beaucoup d'eſ-pace, la pluie, chaſſée par le vent, tombe néceſſairement ſur le plancher de cet étage ; ainſi il faut le bomber, pour que l'eau ſe rende ſur les tablettes de pierres de taille qui ſont entre les piliers ; & ce plancher doit

T iiij

être impénétrable à l'eau. Il en coûteroit trop de le revêtir de plomb ; il suffit de le carreler avec des carreaux bien cuits & fort durs qu'on pose à l'ordinaire sur une aire de plâtre ou de mortier ; mais on doit avoir soin d'ouvrir ou de nétoyer les joints pour les remplir d'un des mastics suivans.

MASTIC GRAS.

On met dans un grenier des pierres de chaux sortant du four : au bout de quelque tems on les trouve réduites en une poussiére très-fine qu'on mêle avec autant de bon ciment passé au tamis de crin, & on gâche ce mélange avec de l'huile de noix, d'œillet ou de lin ; n'importe, pourvû que ce soit une huile siccative : l'opération la plus essentielle est de bien corroyer cette espéce de mortier en le battant long-tems dans une grande auge de bois ou de pierre avec un morceau de fer *A* qui a un aſſez long manche *B* (*Fig.* 7.)

Lorſqu'on veut employer ce maſtic, les joints étant bien né-toyés, comme nous avons dit, on les frotte avec un pinceau imbibé d'huile; & avec une pe-tite truelle ou une lame de cou-teau, on les remplit de ce maſtic, en l'appliquant comme les vi-triers font pour les carreaux de verre : on pourroit encore, ſans s'expoſer à une grande dépenſe, employer leur maſtic, qui ſe fait avec du blanc de céruſe & de l'huile de lin ; il eſt ſeulement important, comme pour celui dont je vais parler, de choiſir un tems chaud & ſec.

MASTIC RE'SINEUX.

On fait fondre & cuire dans une chaudiére de fer fondu,

deux parties de réfine, une partie de poix noire & une demi-partie de graiffe, à laquelle on ajoûte ce qu'il faut de ciment fec & tamifé, pour donner de la confiftance à ce maftic : fi on le trouve trop gras, on y ajoûte de la réfine ; s'il eft trop fec on augmente la dofe de la graiffe, ou on y mêle un peu de poix noire.

La façon d'employer ce maftic eft de le verfer tout chaud & bien fondu dans les joints, & de liffer ou unir la fuperficie avec un fer chaud, femblable aux carreaux que les tailleurs employent pour rabattre leurs coutures.

MASTIC DE ROUILLE.

Si le carreau étoit fort dur, on pourroit encore former les joints avec un maftic fait avec de la limaille de fer & du vinaigre.

Pour cet effet on prend de la limaille non rouillée & ramassée sur l'établi des serruriers : on la fait rougir sur le feu dans une poële pour brûler la poussiére qui y est mêlée ; & la limaille étant encore chaude, on verse dessus assez de vinaigre pour en faire une espéce de mortier dont on remplit les joints : on en unit la surface avec une petite truelle qu'on trempe de tems en tems dans du vinaigre.

Il faut que le haut de l'étage où font les aîles soit plafonné avec des planches ou avec du plâtre, afin que le vent n'endommage point la couverture, & qu'en glissant sur le plafond, il n'éprouve point de réflexions qui pourroient ralentir le jeu des aîles.

Pour soutenir la charpente, on met, d'un pilier à l'autre, deux piéces de bois en forme de lin-

teau : celle du dehors eſt circulaire par ſa face extérieure pour
former l'arrondiſſement de l'é-
goût.

En jettant les yeux ſur la figure 6, on voit que par la diſpoſition des bajolliers, le vent ne
peut agir que ſur un côté des aîles. Si, par exemple, le cours
du vent eſt ſuivant la direction
des hachures (i, l,) tous les fi-
lets ou entreront dans le moulin
ſuivant une direction propre à
faire tourner les aîles de (i) en
(l,) ou bien ils feront détournés
& inutiles, de ſorte qu'aucun ne
pourra agir ſuivant la direction
(l, i.) Mais ces ſortes de moulins horiſontaux ne peuvent pas
avoir beaucoup de puiſſance,
non-ſeulement parce que les aîles, par leur mouvement évitent
une partie de l'action du vent;
mais encore parce que la face
poſtérieure des aîles frappe une

maſſe d'air qui retarde leur mouvement.

Néanmoins notre moulin a
ſuffiſamment de force pour faire
jouer deux ſoufflets, pour peu
que le vent ſoit frais ; mais rien
n'empêcheroit qu'on n'appliquât
à notre grenier les aîles obliques
des moulins ordinaires ; comme
nous l'avons dit plus haut page
207.

Les raiſons qui nous ont en-
gagés à nous ſervir du moulin à
la Polonnoiſe ſont, qu'il eſt toujours orienté ; qu'on eſt diſpen-
ſé de tendre & de ployer les
toiles, & que n'étant pas expoſées à un travail continuel,
les aîles ſont à couvert ; au lieu
que celles du moulin ordinaire
ſont expoſées au vent qui rompt
les verges, & à la pluie qui
pourrit la tête de l'arbre tournant. Néanmoins on pourra,
ſi l'on veut, ſe ſervir des aîles

qui font repréſentées dans la planche VII.

Nous avons propoſé plus haut de faire jouer les foufflets tantôt par des hommes, tantôt par des animaux de trait ; nous venons d'indiquer comment on peut profiter de l'action du vent : il eſt évident que ſi on pouvoit diſpoſer d'un petit ruiſſeau, l'action de l'eau feroit préférable à tous les autres moteurs dont nous venons de parler ; & qu'une roue à aubes fuffiroit pour faire jouer pluſieurs grands foufflets.

Tout étant difpofé comme nous l'avons expliqué, on emplit comble juſqu'au plancher l'étage *B* avec du froment bien nétoyé & defféché par l'étuve, & on ferme les trapes (*n*) qui font à l'étage *C.* Quand on veut rafraîchir le froment, on ouvre les contrevents (*u*) de l'étage *D*, & les trapes (*n*) de l'étage

C; alors pour peu qu'il fasse de vent les aîles (*y*) tournent, les soufflets (*o*) jouent, le vent qu'ils produisent se réunit dans un même canal (*p*,) (*Fig.* 5,) & au moyen du porte - vent (*p*, *q*) (*Fig.* 1,) il entre sous les lambourdes par le canal (*y*) (*Fig.* 4:) enfin il traverse toute la masse de froment & sort par les trapes ; ce qu'on rend sensible en étendant une nappe sur l'embouchure des trapes, car on la voit se soulever à tous les coups de soufflets.

Lorsque le froment est suffisamment rafraîchi, on ferme les contrevents de l'étage *D*, & les trapes de l'étage *C*; ainsi le froment reste exactement renfermé jusqu'à ce qu'on juge à propos de l'éventer de nouveau.

En supposant que le grenier, dont nous venons de donner la description, ait de diametre vingt-un pieds dans œuvre, & que le froment y foit mis à huit pieds de hauteur, il contiendra à peu près cinq mille quatre cens pieds-cubes. Cette quantité de froment difpofée à l'ordinaire ne tiendroit pas dans toute la face du bâtiment depuis une croupe jufqu'à l'autre de la planche IX.

PROJET d'un grand établiſſement de greniers pour l'approviſionnement d'un hôpital, & même d'une ville. Planches IX, & X.

Pour prendre d'abord une idée générale de cet établiſſement de greniers, il faut fe repréfenter une cour *A* (*Pl. IX, Fig.* 1,) de 24 toifes en quarré tout entourée de bâtimens, aux angles de laquelle il y a 4 tours, femblables à celle qui a été décrite dans l'article précédent.

Chaque tour contient un moulin qui fournit de l'air à neuf greniers,

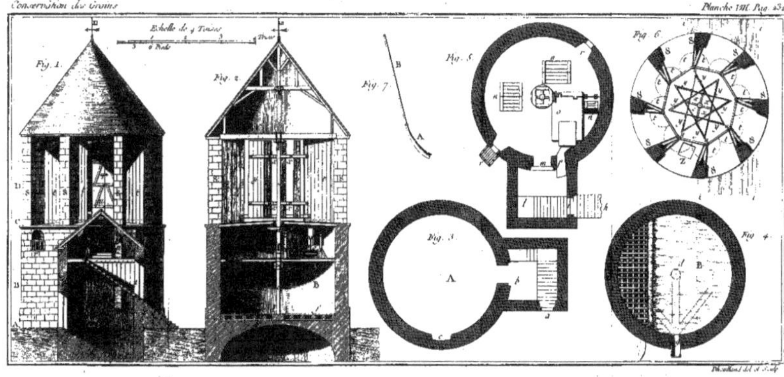

Thouvenel del. et Sculp.

n
n
d
d
&
d
t
c
tr
fr
c
m
n
ni
p
a
n
f
t
i
c
il
c
e

niers, dont un eſt dans la tour même ; deux dans les parties de bâtiment *B* (*Fig.* 1,) deux dans la partie *C*, deux en *D*, & deux en *E*.

Au milieu *F* de chaque corps de bâtiment eſt une étuve ; à côté de chaque étuve deux portes charretiéres, ſous leſquelles entrent les charrettes chargées de froment ; deſorte qu'on monte commodément les ſacs, au moyen d'un treuil & d'un moulinet qui eſt établi dans les greniers de dépôt qui occupent le premier étage. Car les greniers de conſervation & les étuves n'occupant que le rez de chauſſée, le grenier de dépôt régne ſur tous les bâtimens ; il eſt ſeulement interrompu par l'étage des tours où ſont les ſoufflets, auxquelles il y a des portes pour former une communication de plein - pied entre tous ces grands greniers.

V

Les lignes ponctuées marquent une enceinte de murailles qui doit renfermer tous les bâtimens: on voit à une petite distance de ce mur en dedans, des dez de pierres de taille sur lesquels s'élévent des piliers pour des angars où on met le bois de l'étuve.

La figure 2 représente l'élévation d'un des quatre corps de logis vû de face avec la coupe de deux autres. *A*, est une porte qui conduit à l'étuve établie au milieu de chaque bâtiment & à un escalier qui méne au grenier de dépôt.

Comme à mesure que le froment sort de l'étuve il faut le remonter dans les greniers de dépôt, il y a à côté des étuves un corridor assez large & au plancher qui le couvre, une trape avec un moulinet dans le grenier de dépôt pour monter commodément & promptement les facs de froment étuvé.

B, font des portes charretié-res où entrent les charrettes char-gées de froment : les facs fe mon-tent encore dans le grenier de dépôt avec un moulinet.

La partie *CD* de ce bâtiment renferme au rez-de-chauffée deux greniers de confervation ; il y en a auffi deux dans le bâtiment *E F*.

Les tours *G* font quarrées juf-qu'à l'égoût des bâtimens ; à cette hauteur les angles font ar-rondis par des trompes de pierres de taille, de forte que l'étage des foufflets qui eft de plein pied avec le grenier de dépôt, eft rond.

Chaque corps de logis a 31 pieds de largeur, hors œuvre, fur 50 toifes de longueur y com-pris les tours.

Les greniers de confervation regnent dans toute l'étendue du bâtiment *H*, *H* : ils doivent être percés de lucarnes des deux côtés , pour nétoyer plus parfaitement le froment, comme nous l'avons dit dans le chap. III.

Les coupes *I*, *I* font voir des caves voûtées pour rendre les greniers plus fecs ; ces caves tout - à - fait inutiles , à moins qu'on ne s'en fervît pour mettre le bois de l'étuve , feroient très-avantageufes à un hôpital ; & une ville pourroit les louer fans avoir rien à craindre du feu.

A quatre ou cinq pieds au-deffus du niveau du terrein , plus ou moins fuivant que le terrein eft fec ou humide , font les greniers de confervation , qui ont chacun vingt pieds en quarré fur onze de hauteur, afin que le froment y puiffe être mis à dix pieds d'épaiffeur.

Tous les murs doivent avoir 3 pieds d'épaiffeur pour réfifter à la pouſſée des grains , & être bâtis en bon mortier de chaux & de ſable , avec du moëllon de pierre dure ; il n'y aura en pierres de taille , que les corniches , les encoignures & les tableaux des portes & des croiſées.

Comme les croiſées ne ſervent qu'à éclairer un corridor dont nous allons parler , on les peut faire beaucoup plus petites qu'elles ne ſont repréſentées dans le plan (*Planche X.*)

A côté des greniers , on voit un petit corridor qui regne le long de tous les greniers ; c'eſt dans ces corridors que paſſent les porte - vents , & que ſont établis les régiſtres pour qu'on puiſſe viſiter ſi l'air ne ſe perd pas par quelque endroit.

Il ſera à propos de placer les galeries *d* , *d* , &c. du côté du vent d'Oueſt , ou de Sud-Oueſt d'où la pluie vient le plus ordi-

nairement ; parce qu'il eſt d'expérience dans ces pays-ci que
les appartemens ſont toujours
beaucoup plus humides du côté
du vent de Sud & d'Oueſt que
du côté du Nord & de l'Eſt.
Ainſi on parviendra à rendre les
greniers plus ſecs en plaçant,
autant que faire ſe pourra, les
galeries *d*, *d*, du côté qui eſt
le plus expoſé au grand vent &
à la pluie.

On peut faire les porte-vents,
en bois ou en plomb, & même
avec des tuyaux de grés ; pourvû
que l'air ne ſe perde pas ils ſeront
bons. Mais il eſt avantageux que
les porte - vents communiquent
par trois tuyaux dans chaque grenier, comme on le verra dans
la figure 3, & que chaque em-
branchement ait un régiſtre particulier.

Les régiſtres ſont formés par
une péle de bois garnie de cuirs,

qui entre exactement dans des coulisses.

Il sera bon que les porte-vents soient isolés ; ils en seront moins exposés à la pourriture ; on sera en état de mieux visiter si le vent s'échappe par quelque endroit ; & les régistres en seront plus aisés à placer.

On voit au - dessus des greniers de conservation la coupe des greniers de dépôt : il est inutile que le dessus des greniers de conservation soit voûté ; car en jettant les yeux sur la Planche IX, on verra une quantité de murs de refend qui contribuent beaucoup à la solidité de ces planchers qu'il faut néanmoins fortifier par de bonnes poutres.

Il y a au rez-de-chaussée de la tour, un grenier de conservation : au - dessus est l'étage des soufflets qui a 18 pieds d'éléva-tion, ce qui permettra d'en voûter le deſſus, & au moyen de cette voûte, on pourra faire les bajolliers en pierres juſqu'à la naiſſance des contrevents, comme nous l'avons fait remarquer dans l'article précédent.

Au-deſſus des ſoufflets eſt le moulin à la Polonnoiſe ou horiſontal. Il ſera néceſſaire de donner aux aîles au moins 20 pieds de hauteur pour qu'elles puiſſent faire jouer deux lanternes & quatre ſoufflets : car comme chaque moulin doit rafraîchir neuf greniers il faut multiplier les ſoufflets. Lorſque le vent ſera foible, on pourra débrayer une lanterne pour ſoulager le moulin qui n'aura plus à faire jouer, que deux ſoufflets.

Maintenant on peut ſe former une idée de ces grands greniers ; puiſqu'il n'y a qu'à ſe repréſenter quatre faces de bâtiment, chacune ſemblable à celle qui eſt repréſentée

repréſentée (*Fig.* 2,) & qui ſont diſpoſées les unes à l'égard des autres, comme on les voit à vûe d'oiſeau (*Fig.* 1 ;) mais l'explication du plan (*Pl. X.*) achevera d'éclaircir les idées : on y voit une partie du plan des greniers qui ſont repréſentés ſur la Planche IX. figure 1.

A, le lieu où eſt l'étuve : (*a*) l'étuve : (*b*) l'eſcalier pour monter au grenier de dépôt.

B, Les portes charretiéres.

CDEF, Les greniers de conſervation. (*c*) L'extrêmité des porte-vents dans les greniers. (*d*) Les corridors dans leſquels doivent régner les porte-vents , & par leſquels on ouvrira les régiſtres. (*e*) Des petits eſcaliers pour monter les quatre pieds dont les greniers ſont plus élevés que le rez-de-chauſſée. (*f*) Les fenêtres qui éclairent les corridors.

K, La porte charretiére par

X

laquelle seule peuvent entrer & sortir les voitures.

F F, H H, mur de clôture qui renferme tous les greniers. Il fait arriére-corps de cinq pieds sur les bâtimens, pour qu'on puisse appercevoir des greniers de dépôt si quelque mal intentionné, ou inconsidéré fait du feu ou d'autres manœuvres qui puissent endommager ce précieux dépôt.

I, I, Engard qui doit servir à mettre le bois pour l'étuve, supposé qu'on ne veuille pas le renfermer dans les caves.

On pourra faire au milieu de la grande cour, qui a 24 toises en quarré, un logement pour le gardien, afin d'éviter les accidens du feu.

Nous avons dit (*page 256.*) qu'il faut que le plancher des greniers soit établi à quatre pieds au-dessus du niveau du terrein.

Cela fera ordinairement fuffifant;
mais fi on bâtiffoit ces greniers
dans des terreins qui laiffent
beaucoup échapper de vapeurs,
il feroit à propos de tenir les
planchers cinq & même fix pieds
au - deffus du terrein ; & , autant
qu'on le pourra, nos greniers
doivent être placés fur un terrein élevé : il faut encore avoir
la précaution de paver le tour
des bâtimens, pour tenir les greniers dans un état de féchereffe,
qui eft abfolument néceffaire
pour la parfaite confervation des
grains.

La féchereffe étant indifpen-
fablement néceffaire pour la confervation des grains, il s'enfuit,
comme nous l'avons dit dans plufieurs endroits de cet Ouvrage,
qu'il ne faut mettre le grain dans
nos greniers faits en maçonnerie,
que quand on fera bien certain que
la maçonnerie eft parfaitement

X ij

féche ; & comme les murs neufs & épais font fort long-tems à perdre toute leur humidité, les Particuliers qui voudront jouir promptement de nos greniers, feront bien de les faire conftruire en bois comme ceux de la Pl. VI. *Fig.* 4 ; & fi ces greniers en bois font aussi grands que ceux en pierres de la Pl. X. il faudra employer des membrures de $3\frac{1}{2}$ ou 4 pouces d'épaiffeur.

Il n'eft pas douteux qu'on pourroit faire aussi en bois les greniers pour les grands magazins, en ce cas on placeroit de grandes caiffes femblables à celles qui font repréfentées Pl. VI. *Fig.* 4, aux endroits défignés par les lettres *c*, *c*, Pl. X. Elles feroient alors établies fur des chantiers élevés de deux à trois pieds au-deffus du niveau du terrein ; & comme on fupprimeroit le contre-mur qui borde le corrid'or, la largeur du bâtiment pourroit être diminuée au moins de trois pieds.

On feroit bien encore de ménager aux murs des faces, tant du dedans de la cour que du dehors, de petites fenêtres ou des especes de soupiraux qu'on ouvriroit dans les tems de sécheresse pour dessécher les caisses qui contiennent le grain; car si ces caisses étoient placées dans un lieu renfermé comme seroit un cellier, elles courroient risque de pourrir en peu de tems.

Dans le cas qu'on feroit les greniers en bois, les caves qui occupent le dessous du bâtiment ne pourroient qu'être fort utiles pour dessécher le lieu où les caisses seroient renfermées; mais dans les endroits d'où il ne transpire pas beaucoup d'humidité, on pourroit épargner la dépense qu'exigent des caves qui sont fort étendues, quoique dans la plûpart des Villes on trouve à les louer avantageusement.

La commodité de pouvoir emplir sur le champ les greniers faits en bois, & l'avantage d'avoir des greniers plus secs, pourra engager plusieurs personnes à préférer cette construction à celle en pierres.

On ne donne ce projet que pour faire mieux comprendre la disposition de nos greniers; car chaque architecte pourra disposer les bâtimens convenablement pour le lieu & la commodité des personnes qui les feront construire. Mais pour fixer encore plus les idées, nous allons faire un parallèle de notre grenier avec celui qu'on a construit à Lyon, & qu'on nomme de l'*abondance*.

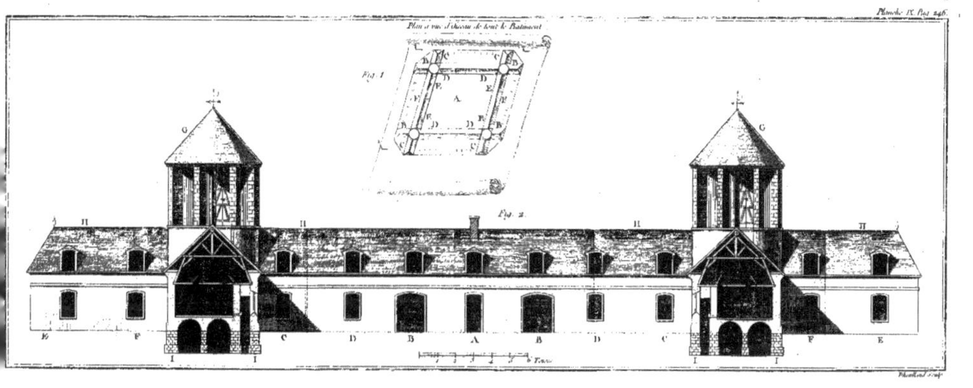

Plan et vue d'oiseau de tout le Batiment
Fig. 1
Fig. 2

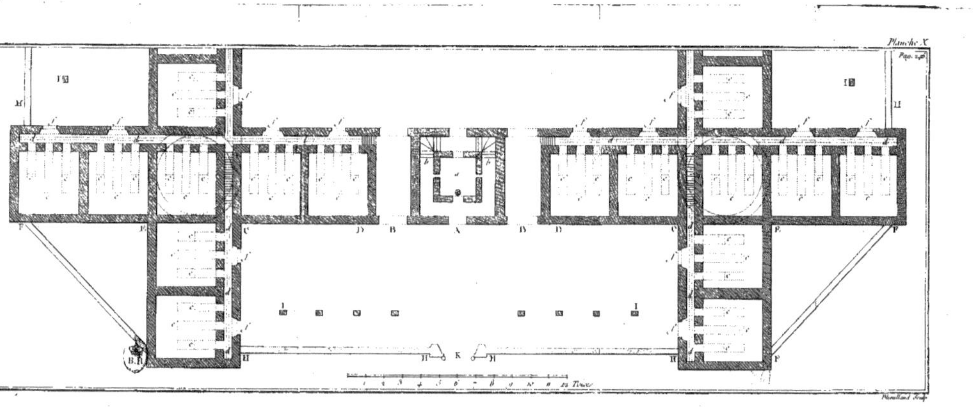

Planche X
Page. 248

DESCRIPTION *sommaire des greniers d'abondance de Lyon, faite sur les desseins & profils de M. de Ville Ingénieur des ponts & chaussées.* Pl. XI.

A B, (*Fig.* 1,) représente le plan de la moitié de tout le bâtiment qui a en tout 388 pieds & demi de longueur. La largeur *A C*, hors œuvre est de 54 pieds & demi, l'épaisseur des murs de 4 pieds & demi.

D, est la cage de l'escalier.

Les piliers, les dosserets, les portes & les croisées paroissent sur le plan.

Les figures 2 & 3 représentent l'élévation & la coupe de ce bâtiment. Le rez-de-chaussée *E F*, sert actuellement d'un magazin d'artillerie.

F G H, sont trois greniers au-dessus les uns des autres ; ce qui

X iiij

rend le service du troisiéme étage fort pénible.

La hauteur de chaque étage
sous clef, est de 15 pieds, &
celle de tout le bâtiment du
fond à la cime est de 63 pieds:
chaque grenier est formé par
trois nefs en voûte d'arrête.

Cette courte description suffit
avec l'aide des figures pour donner une idée de ce grand bâtiment, qui fait un honneur infi-
ni à la ville de Lyon.

*PARALLELE des greniers d'abon-
dance de Lyon avec les nôtres.*

Comme les frais de construction sont en pareil cas un article
important & bien digne d'attention, il est bon d'être prévenu
que suivant une estimation pro-
visionnelle, qui a été faite par
M. Dubuisson entrepreneur des
hôpitaux, les greniers de Lyon

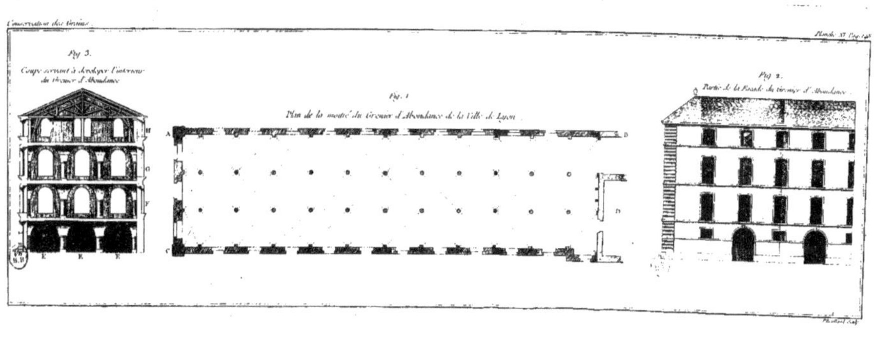
Fig. 3.
Coupe servant à développer l'intérieur
du Grenier d'Abondance.
Fig. 1.
Plan de la moitié du Grenier d'Abondance de la Ville de Lyon.
Fig. 2.
Partie de la Façade du Grenier d'Abondance.

étant conftruits à Paris coûte-
roient de bâtiffe cinq cens mille
livres, & les nôtres trois cens
quarante : c'eft déja une économie de cent-foixante mille livres
fur la bâtiffe. L'œconomie feroit
beaucoup plus grande, fi l'on
faifoit les greniers *c c c* & c. *Planche X.* en bois, à peu près comme celui de la *figure* 4. *Planche
VI.* puifque ces greniers étant
établis fur des chantiers, & dans
un bâtiment où ils feroient ifo-
lés, on peut fe difpenfer de faire
les voûtes *I, I, I,* & c. *fig.* 2.
Planche IX. Plufieurs raifons me
détermineroient à préférer cet
établiffement à celui qui eft tout
en maçonnerie. Voyons maintenant ce que l'un & l'autre bâtiment peuvent contenir de froment.

Les greniers de Lyon ont chacun 354 pieds de longueur dans
œuvre, fur 50 de largeur ; ainfi

ils ont de superficie dix - sept
mille sept cens pieds quarrés;
sur quoi il faut soustraire, 1°. pour
l'embase de 44 piliers qu'on esti-
me occuper chacun 3 pieds quarrés de superficie, 132 pieds quarrés : 2°. quatre pieds de. largeur
tout au pourtour du grenier pour
le trottoir qui doit rester auprès
des murs, pour le talus du tas
& pour l'espace nécessaire pour
remuer le froment; lesquels quatre pieds qui seront à peine suffi-
sans, font 3168 pieds quarrés,
qui étant joints à 132 pieds, font
3300 pieds quarrés qu'il faut
soustraire de 17700, étendue su-
perficielle du grenier; ainsi il res-
tera 14400 pieds quarrés que le
froment peut occuper.

Si on ne met le froment qu'à
18 pouces d'épaisseur, comme on
le pratique ordinairement, ce
grenier contiendra 21600 pieds-
cubes de froment; ce qui fait pour

les trois greniers 64800 pieds-
cubes : mais fi à caufe que les
greniers font voûtés , on mettoit
le froment à deux pieds d'épaiffeur , chaque grenier contiendroit 28800 pieds-cubes & les
trois 86400.

Suivant notre projet il y a autour de chaque moulin neuf greniers , qui ayant 20 pieds quarrés fur 10 de hauteur , contiennent chacun 4000 pieds-cubes
de froment ; ainfi les neuf greniers , qui font à portée de chaque tour , contiendront 36000
pieds-cubes, & les trente-fix greniers qui font à portée des quatre tours , contiendront 144000
pieds-cubes. Ce qui fait 57600
pieds-cubes de plus que les greniers de Lyon ; ainfi il y a un
avantage confidérable fur le contenu de ces greniers , & une
grande économie fur leur établiffement.

CHAPITRE VII.

DES SOUFFLETS qu'on doit employer pour renouveller l'air des Greniers. (Pl. XII.)

ON a vu dans tout cet ouvrage combien il est avantageux de renouveller l'air qui est contenu dans les espaces que les grains de froment laissent entre eux. Nos expériences ont prouvé que par ce renouvellement d'air on dessèche les grains humides, on empêche qu'ils ne s'échauffent, on prévient la fermentation qui altére leur qualité, on diminue même la mauvaise odeur qu'ils auroient acquis avant d'être enfermés dans nos greniers de conservation : enfin lorsque les grains ont été bien desséchés dans les étuves, ce renouvellement d'air assure la conservation la plus parfaite ; de sorte que les grains ainsi rafraîchis par un air nouveau, acquierent une qualité supérieure à tous autres.

J'ai déja dit que de grands soufflets m'avoient fourni le moyen d'établir le courant d'air que je jugeois avantageux à la conservation des grains. On sait qu'entre les différentes espéces de soufflets qui sont connus, j'ai choisi celui que M. Hales savant Anglois a imaginé, principalement pour renouveller l'air des prisons & de la cale des vaisseaux. Le soufflets à ailes tournantes ou centrifuges représenté (*Pl. XII. Fig.* 1 *&* 2,) de même que la manche à vent que nous employons sur les vaisseaux, ne forcent pas assez l'air pour traverser

un gros tas de grain. Les soufflets de forge & celui à courcaillet ou cylindrique, proposé
par M. Triewald, ont le défaut
d'être formés par des cuirs que
les rats, habitans des endroits où
l'on conserve les grains, ne tar-
deroient pas à ronger. Les grands
soufflets de forge, qui font tout
de bois, seroient très-bons, mais
leur exécution est difficile. Le
soufflet de M. Hales n'ayant aucun de ces inconvéniens, &
satisfaisant à tout ce que je pou-
vois désirer, méritoit d'avoir la
préférence. Effectivement la
construction en est simple ; son
établissement peu coûteux, son
service commode, & sa solidité à l'épreuve des gens les plus
grossiers : il n'entre point de cuirs
dans sa composition, & il est
capable de pousser l'air avec autant de force qu'on le désire ; enfin depuis l'impression du livre

de M. Hales, c'eſt le ſeul que j'ai employé ; ainſi il convient que je donne la deſcription de ce ſoufflet déja connu ſous le nom de *Ventilateur*.

Pour ſe former une idée de ces ſoufflets, il faut ſe repréſenter deux caiſſes de chêne ou de ſapin *AEFC*; *EBFD* (*Fig. 3,*) aſſez exactement jointes pour que l'air ne puiſſe s'échaper par les aſſemblages : il eſt bon que le deſſus, au lieu d'être cloué, ſoit attaché avec des vis en bois, pour qu'on puiſſe le lever quand il y a des réparations à faire à l'intérieur. Aux bouts *CFD* ſont huit grandes ſoupapes établies ſur un bâti de menuiſerie *II*, *KK*. Quatre de ces ſoupapes *G* permettent à l'air de l'intérieur de la caiſſe de ſortir, pendant que les quatre marquées *H* permettent à l'air extérieur d'entrer dans les caiſ‑ſes.

La figure 4 qui repréſente une de ces caiſſes à laquelle on a ôté le côté *D B*, laiſſe appercevoir une planche *L M* qu'on appelle le *diaphragme*. Cette planche qui doit être mince & légére, eſt attachée par des couplets ſur la traverſe *I* du devant de la caiſſe; elle eſt mobile par ſon côté *L*, de ſorte qu'en lui imprimant un mouvement vertical par le moyen de la tringle *P* qu'on hauſſe & baiſſe, on fait parcourir au diaphragme les diagonales *N M*, *O M*.

Maintenant il eſt évident que quand on porte vivement le diaphragme de *N* en *O*, toute la maſſe d'air contenue dans le priſme triangulaire, dont un des côtés eſt repréſenté par *N M O*, eſt chaſſée par la ſoupape d'en-bas *G*, pendant qu'une pareille maſſe d'air entre dans la capacité du ſoufflet par la ſoupape d'en-haut

haut *H.* Le contraire arrive quand on porte le diaphragme de *G* en *N*: l'air entre par la soupape inférieure *H*, & sort par la supérieure *G*.

On conçoit clairement que toutes les fois qu'on agite le diaphragme, il y a de l'air aspiré par deux des soupapes *H* & de l'air expiré par deux des soupapes *G*, d'où il résulte un souffle continuel.

Les remarques qu'on peut faire pour la parfaite exécution de ce soufflet, sont 1°. que le bout *E B* (*Fig. 3*,) ou *N O* (*Fig.* 4,) soit circulaire en dedans, pour que le diaphragme joigne plus exactement le fond de la caisse ; 2°. que les soupapes soient très-légéres ; 3°. qu'elles soient les plus grandes qu'on pourra, afin que l'air puisse passer sans résistance ; 4°. d'augmenter plutôt les dimensions du

Y

foufflet en longueur & même en largeur qu'en épaiffeur ; 5°. que la verge *P* foit jointe au diaphragme par un verrouil qui tourne dans les crampons *A* (*Fig.* 5,) pour qu'elle puiffe s'élever verticalement ; 6°. que le deffus des caiffes foit percé d'une fente ou mortaife *Q* (*Fig.* 4,) pour que la verge *P* ne foit point gênée dans fon mouvement : afin qu'il s'échape moins d'air par cette ouverture , nous la couvrons par une petite planche quarrée *T* (*Fig.* 3,) qui eft à couliffe dans les deux taffeaux *VV* ; 7°. que le diaphragme foit mince , fur-tout du côté de *L* (*Fig.* 4,) pour que les mouvemens en foient plus faciles ; 8°. il faut proportionner la grandeur des foufflets , à la quantité d'air qu'on veut introduire dans le grenier & à la puiffance qu'on a pour faire jouer les foufflets ;

9°. les deux caisses *A E F C* &
E B D F (*Fig.* 3,) ne font ordinairement qu'une feule & mê-
me caisse qui est partagée en
deux, par une cloison intérieure qui s'étend de *F* en *E* : on
n'a féparé les deux caisses que
pour faciliter l'intelligence des
deux soufflets qui font pofés à
côté l'un de l'autre.

On peut encore pofer deux
soufflets l'un au-dessus de l'autre,
comme M. Hales l'a pratiqué,
pour renouveller l'air des prifons
de Newgate à Londres : il y a
quatre soufflets réunis dans une
même caisse, comme on le voit
(*Fig.* 11 ;) alors chaque verge
de fer fait jouer deux diaphragmes : les foupapes (*x*) permettent à l'air de fortir ; & celles (*u*)
lui permettent d'entrer.

La figure 6 repréfente une
boîte de menuiferie en forme
de buze ou de muffle qui em-

braffe les quatre foupapes d'expiration, de forte que le côté
R, *R* (*Fig. 6*,) s'étend jufqu'à
S, *S* (*Fig. 3*.) Cette caiffe eft
deftinée à raffembler l'air qui
fort par les quatre foupapes *G*;
& comme l'air qui fort à la fois
par deux de ces foupapes doit
paffer par l'ouverture *T*, il faut
que cette ouverture foit au moins
double de la furface d'une des
deux foupapes *G*.

X, *X*, font deux petits volets
qui entrant dans des couliffes
recouvrent les foupapes d'infpiration *H* (*Fig. 3*.) Ils font fort
utiles quand on ne fait pas ufage
des foufflets, pour empêcher
que les rats n'y entrent, d'où ils
paffᵉroient dans les greniers.
Comme on pourroit oublier de
mettre ces volets à leur place,
j'ai trouvé plus commode de
faire couvrir les foupapes par un
treillis de fil de fer affez ferré

pour qu'une petite souris ne puisse passer par les mailles.

En supposant que les soufflets de la figure 3 ont chacun six pieds de longueur, trois pieds de largeur & un pied & demi d'épaisseur; à chaque coup de brinqueballe il sortira par l'ouverture T deux cens seize pieds-cubes d'air; ainsi en six ou sept coups de soufflets tout l'air du grenier qui contiendroit quatre mille pieds - cubes de froment, seroit renouvellé, dans la supposition même qu'il reste un tiers de vuide entre les grains de froment; ce qui seroit excessif, si nous n'étions pas obligés de tenir compte de l'air qui s'échape par l'ouverture Q, de celui qui passe de la capacité inférieure à la supérieure par les bords du diaphragme, & de ce qui se perd par les joints; mais comme nous jugeons qu'il faut mettre quatre

foufflets pour les grands magazins, il eſt ſûr qu'en cinq coups
de brinqueballe les foufflets chaſ-
feront une maſſe d'air beaucoup
plus conſidérable que celle qui
eſt contenue entre les grains qui
rempliſſent un grenier qui contient quatre mille pieds-cubes de
froment. Il ne faut cependant
pas croire qu'après ce court eſpace de tems tout l'air du grenier ſoit renouvellé ; il faudroit
pour cela qu'il ne ſortît point
d'air des foufflets par les trapes
du deſſus du grenier, & que le
vieil air s'échapât ſeul, ce qui
eſt dénué de toute vrai-ſemblan-
ce : ainſi pour ſavoir ce qu'il
reſte de vieil air après un certain
nombre de coups de foufflets, il
faudroit avoir recours à ce problême tant de fois réſolu, qui
conſiſte à ſavoir, ce qu'il reſte
de vin dans un vaſe d'abord plein
de vin ſur lequel on a verſé un

certain nombre de mesures d'eau ; mais cette recherche seroit plus curieuse qu'utile ; il suffit de savoir en gros que l'air se renouvelle très-promptement dans nos greniers.

Ce qu'il y auroit à craindre , c'est que l'air des soufflets trouvant à certains endroits du tas plus de facilité à s'échaper que par d'autres, il ne se frayât une route par laquelle passant continuellement, il y auroit des coins du grenier où l'air ne seroit point renouvellé. Pour faire concevoir comment on peut prévenir cet inconvénient , il faut imaginer que *a*, *b*, *c*, *d* (*Fig.*7,) soit l'aire d'un grand grenier, & que (*e*, *f*,) soit le tuyau par lequel passe le vent des soufflets. On peut brancher sur ce porte-vent des tuyaux figurés comme (*g*), comme (*h*), ou comme (*i*) ; car en ménageant des régistres à l'endroit où

ces tuyaux s'affemblent au porte-
vent, on pourra faire fortir à la
fois l'air par tous les tuyaux, ou
féparément par l'un ou par l'autre, fuivant la partie du grenier
qu'on jugera à propos d'éventer
plus que le refte : les fléches
marquent la direction que l'air
prendra en fortant de ces tuyaux.

M. Pommier ingénieur des
ponts & chauffées, a cherché une
maniére de diminuer le volume
du foufflet de M. Hales : comme
fon idée eft fort ingénieufe , &
qu'elle pourroit devenir utile
dans des cas particuliers où on
manqueroit d'emplacement, j'ai
cru qu'on ne feroit pas fâché de
trouver ici la defcription du
foufflet qu'il a préfenté à l'Académie.

La figure 8 repréfente ce foufflet prêt à être mis en mouvement. Sa boîte de fapin eft de
toutes parts au moins d'un pouce
d'épaiffeur;

d'épaiſſeur ; les diaphragmes ſeront auſſi de ſapin , mais emboî-
tés de chêne par leur extrémité.

En *A* eſt un arbre ſervant de
point d'appui à un levier du ſe-
cond genre , qui fait hauſſer &
baiſſer l'étrier *B* , à l'aide des
puiſſances appliquées en *G* &
en *F*.

Cet étrier fait mouvoir le diaphragme inférieur (*a* , *b* , *c* ,)
(*Fig. 9.*)

La tige *C*, attachée à l'autre
extrémité du levier *G F*, fait agir
le diaphragme ſupérieur (*d* , *e*)
(*Fig. 9,*) qui eſt poſé diagonale-
ment dans la boîte comme l'inférieur (*b* , *a* , *c*.) Les deux puiſſances *G F*, agiſſent enſemble
ſur les deux diaphragmes ; c'eſt-
à-dire , que quand les deux puiſſances agiſſent , un des diaphragmes (*d*, *e*,) s'éléve, pendant que
l'autre , (*b* , *a* , *c* ,) s'abaiſſe.

A un bout de la boîte ſont ſix

foupapes : celles cottées (1 , 2 , 3 ,) s'ouvrent en dehors ; & les trois (4 , 5 , 6) s'ouvrent en dedans : celles-ci fervent à l'infpiration ; & les autres à l'expiration.

Les trois tringles (7 , 8 , 9) (*Fig.* 8 ,) dont les côtes font à queue d'aronde, fervent à recevoir le mufle (*Fig.* 10 ,) qui raffemble l'air qui fort par les trois foupapes d'expiration.

Quand on a pris l'idée du foufflet de M. Hales, celui de M. Pommier eft aifé à concevoir ; & on apperçoit que le diaphragme unique ML (*Fig.* 4 ,) ne chaffe que la moitié de l'air contenu dans la caiffe ; au lieu que par la difpofition ingénieufe que M. Pommier a donné à fes deux diaphragmes, toute la maffe d'air qui eft dans fa caiffe eft chaffée ; néanmoins quand on aura fuffifamment d'emplacement, je crois qu'on fera bien

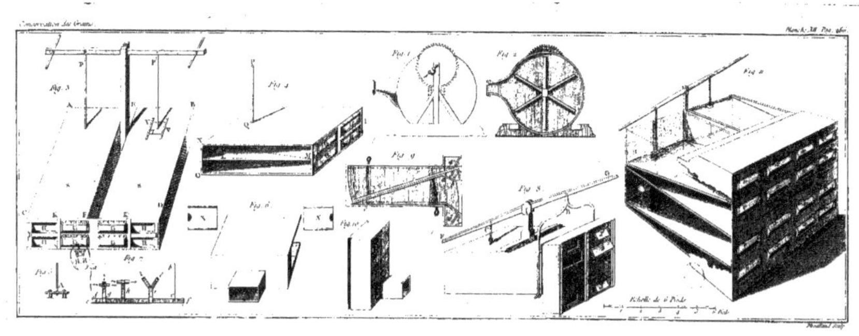

de s'en tenir à celui de M. Hales, qui a le grand avantage d'ê-
tre moins compofé.

CHAPITRE VIII.

ORDRE qu'on doit fuivre pour difpofer le froment à être confervé dans nos greniers ; & l'application de notre méthode pour le tranfport des grains.

Q Uoique nous ayons expliqué dans le plus grand détail & le plus clairement qu'il
nous a été poffible, toutes les
préparations qu'on doit donner
au froment avant de le dépofer
dans nos greniers de confervation, & les attentions qu'il faut
apporter pour empêcher qu'il ne

contracte quelque mauvaise qualité ; nous avons cru qu'on verroit avec plaifir toutes les opérations réunies dans un feul & même chapitre. Celui qui eft chargé de la confervation des fromens n'a pas befoin de favoir comment font conftruits les greniers de dépôt & de confervation, les proportions des piéces qui forment le moulin, ou le manége, la méchanique intérieure des foufflets, celle de l'étuve, des différens poëles, des cribles, &c. On fuppofe que l'établiffement eft folidement bâti, & qu'il eft pourvû de tous les uftenfiles néceffaires ; mais l'homme chargé de la confervation, ne doit ignorer aucun des articles fuivans.

I.

On doit s'affurer, quand le grenier eft neuf, fi les murs en font suffisamment secs; car s'ils étoient humides, le froment qui les toucheroit se corromproit immanquablement : c'est pour cette raison que plusieurs personnes préféreront les greniers de bois à ceux de maçonnerie.

Si on établissoit les greniers dans de vieux bâtimens, comme il s'en trouve fréquemment dans les villes & les châteaux qui ont été autrefois fortifiés ; alors comme il n'y auroit à refaire que les crépis, ils seroient bien-tôt secs ; mais si on les bâtit entiérement à neuf, ils feront long-tems à sécher ; car il faut qu'il s'échappe bien de l'humidité des murs neufs ; en ce cas on fera bien de ne planchéier le dessus du grenier que le plus tard qu'on pourra, & de faire jouer de tems en tems les soufflets pour dissiper l'air humide : mais quelque chofe que l'on faffe, quand même on entretiendroit du feu dans le grenier, il faut néceffairement un tems confidé-rable pour que l'humidité fe dif-fipe entiérement.

Le confervateur (c'eft ainfi que j'appellerai celui qui fera chargé de la confervation des fromens,) pourra reconnoître fi les murailles font féches, en mettant contre les murs à diffé-rens endroits, des planches pein-tes à l'huile ; car s'il s'échappe de l'humidité de ces murs, elle fe raffemblera en gouttes fur la peinture.

II.

A mefure qu'on apportera le froment dans les greniers de dé-pôt, foit qu'il vienne des gran-ges ou du marché, le conferva-teur le fera paffer par les différens cribles, comme il eft dit dans le troisiéme chapitre , observant de répéter les opérations , si le froment étoit niellé ou charbonné , ou chargé d'insectes.

Le conservateur séparera soigneusement le beau & gros froment du petit, pour étuver à part ces différens grains , & les mettre dans différens greniers.

Le nettoyement doit être fait avec beaucoup de soin, puisqu'il n'y aura plus à y revenir quand une fois le froment aura été déposé dans les greniers de conservation.

I I I.

Lorsque le froment est bien néttoyé , il le faut passer à l'étuve : pour cela le conservateur 1°. le fera jetter à la péle dans les trémies : 2°. Quand l'étuve sera chargée, il descendra le thermométre par l'ouverture qui est au milieu de la voûte (*a*) : 3°. Il fermera cette ouverture aussi-bien que celle des trémies, & il ouvrira le régistre qui est au tuyau de la cheminée : 4°. Il allumera le poële & y fera grand feu : 5°. Au bout de deux ou trois heures, il tirera le thermométre pour connoître la chaleur de son étuve : 6°. Quand le thermométre marquera entre 40 & 50 degrés, il fermera les ouvertures du poële, & en partie le régistre de la cheminée, pour entretenir pendant six heu-

(*a* Les thermométres qu'on fait ordinairement pour connoître la température de l'air ne sont gradués que jusqu'à 40 degrés au dessus de zero : Ceux-ci doivent être assez étendus pour que la liqueur puisse s'élever jusqu'à 70 ou 80 degrés. Il est nécessaire, comme on l'a dit plus haut, de couvrir avec une plaque de tôle, le dessus du tuyau qui décharge l'air chaud dans l'étuve, pour empécher que cet air ne se porte directement sur le thermométre, ce qui pourroit le faire rompre. Il est encore bon que le thermométre soit renfermé dans une boite couverte d'un treillis de fil de laiton, pour le défendre des accidens qui pourroient le faire rompre.

res le feu à un tel point que la liqueur du thermométre se maintienne entre quarante & cinquante degrés : 7°. Alors il fermera très-exactement toutes les ouvertures du poële, & quand il ne verra plus sortir de fumée par le tuyau de la cheminée, il fermera entiérement le régistre : (*b*) 8°. Il laissera l'étuve ainsi fermée pendant 16 heures, & après ce tems il ouvrira les trois ouvertures de la voûte pour laisser les vapeurs humides se dissiper. Le fròment ayant ainsi resté 30 ou 36 heures dans l'étuve, ou pourra le tirer pour le remonter dans le grenier de dépôt.

Ce que nous venons de dire pour la conduite de l'étuve ne doit être regardé que comme

_____

(*b*) On est assuré que le poële ne fume plus, quand la braise est couverte d'une cendre blanche fort légére.

une hypothéfe; car il eft évident que les grains fort humides doivent refter plus long-tems à l'étuve que les autres, & que les premiéres étuvées exigent plus de feu & plus de tems que celles qu'on fait lorfque l'étuve & le poële font échauffés. Ainfi le mieux fera de s'affurer du parfait defféchement du froment, en en caffant quelques grains fous la dent; s'il rompt net comme un grain de riz, il eft parfaitement fec; mais il ne faut faire cette épreuve que fur des grains qu'on aura tiré de l'étuve pour les laiffer refroidir, car jufqu'au parfait refroidiffement, ils continuent à perdre de leur humidité.

I V.

Quand le froment étuvé fera remonté dans le grenier de dépôt, on le paffera encore une

fois au crible à vent pour le refroidir & emporter une poussiére
fine que la chaleur de l'étuve
aura fait détacher du froment.
Alors il ne sera plus question que
de le jetter dans les greniers de
conservation, jusqu'à ce qu'ils
soient pleins jusqu'aux solives.

V.

Lorsque les neuf greniers qui
appartiennent à chaque moulin
seront remplis, un seul homme
attentif, suffira pour veiller à la
conservation de cette grande
quantité de froment qui sera à
couvert de tout déchet, quand
même il resteroit dix ans dans
ces mêmes greniers.

Si nous supposons que tous
les greniers sont remplis, avec
les précautions que nous venons
de rapporter, le devoir du conservateur sera, 1°. de veiller à
ce que ses moulins soient en bon

état ; bien entendu qu'il sera pourvu de dents & d'alluchons tout prêts à remplacer sur le champ ces piéces si elles venoient à manquer ; & il aura soin de graisser tous les endroits où il y aura des frottemens.

2°. Il tiendra tout exactement fermé, & n'ouvrira que les trapes & les régistres qui appartiendront au grenier qu'il éventera actuellement.

3°. Il visitera soigneusement les porte-vents, lorsque les moulins tourneront, pour s'assurer si l'air ne se perd pas ; & si cela étoit, il y remédieroit sur le champ avec des morceaux de linge enduits de colle-forte, dans laquelle on aura mélé un peu de chaux vive en poudre.

4°. Il aura l'attention de faire marcher ses moulins toutes les fois qu'il fera du vent : le vent de Nord, frais & sec, est préféra-

ble aux vents de la partie du Sud,
qui font chauds & humides.

5°. Il éventera fucceffivement
les uns après les autres, tous ces
greniers : fi néanmoins il appercevoit que le froment fût plus
humide dans les uns que dans les
autres, il les éventeroit plus fréquemment ou plus long-tems.

6°. Au moyen des régiftres qui
appartiennent à chaque grenier,
il pourra porter le vent tantôt à
une partie, tantôt à une autre
du même grenier ; & de tems en
tems il portera le vent par tout le
grenier à la fois.

7°. S'il s'appercevoit qu'il tom-
bât de l'eau fur les planches qui
recouvrent le froment, il en
avertiroit, pour qu'on y appor-
tât un prompt reméde : il en ufe-
ra de même, fi quelque piéce
exigeoit une réparation trop confidérable pour qu'il pût l'exécuter lui-même.

8°. Quand les moulins ne tourneront pas , il aura foin de tenir les contrevents exactement fermés ; & comme les coups de vent peuvent arriver lorfqu'on s'y attend le moins , il ne laiffera jamais tourner les moulins pendant la nuit à moins qu'il ne foit de veille.

9°. Lorfque le vent fera trop violent , il pourra fermer une partie des contrevents du côté du vent , afin que le moulin ne tourne pas avec trop de vîteffe.

10°. Quand le vent fera foible , il pourra débrayer deux foufflets, pour foulager les moulins , qui avec les deux autres , ne laifferont pas de rafraîchir le froment.

11°. Enfin, il tiendra tous les greniers de dépôt & les étuves bien propres. Quoiqu'il n'ait rien à craindre des rats & des fouris , il leur fera cependant la guerre ;

& fur toutes chofes il prendra bien garde au feu.

V I.

Quand on vuidera les greniers de confervation , on en tirera une certaine quantité de froment qu'on répandra dans les greniers de dépôt pour le paſſer au crible avant de l'envoyer au moulin ou au marché: cette opération eſt néceſſaire pour nettoyer le froment d'une pouſſiére fine qui ſe détache toujours de l'écorce du froment , & pour adoucir le froment qui eſt quelquefois un peu rude à la main , par les raiſons que j'ai détaillées dans ce traité. Si après cette opération on le trouvoit encore rude , on l'adouciroit en le paſſant dans le crible cilindrique.

Si pour avoir négligé quelques-unes de ces précautions , le froment avoit contracté un peu d'odeur, on le rétablira en le faisant paffer à l'étuve; mais il faudra éviter de fe mettre dans la néceffité d'avoir recours à cette reffource.

Lorfqu'on fait de gros amas de froment, les cribles féparent beaucoup de menus grains qui font ordinairement mêlés de quantité de mauvaife graines. Quand on aura bien netttoyé ce petit froment, on fera bien de le mettre à part dans un des greniers : car quoiqu'il y ait de valeur réelle plus d'un tiers de profit à acheter le beau froment, il fe trouve rarement un feptiéme de différence du prix de ce petit froment au gros, lorfque les grains feront chers.

Pour appercevoir les avantages confidérables qu'on retirera des pratiques que nous venons de prefcrire, il ne faut que faire un parallele entre cette nouvelle méthode de conferver le froment,

ment, & celle qui eſt en uſage.

1º. Suivant l'uſage ancien, il falloit des greniers d'une étendue énorme : on a vû que nous faiſons tenir une même quantité de froment dans une eſpace infiniment moindre ; puiſque quatre tours environnées de bâtimens de médiocre conféquence renferment plus de froment que les immenſes greniers de Lyon.

2º. Suivant l'ancien uſage, pour peu que les magazins fuſſent confidérables, il falloit beaucoup d'ouvriers, & prêter à l'entretien des grains une attention continuelle : aujourd'hui, fitôt que le froment fera dépofé dans nos greniers de conſervation, un homme un peu vigilant fuffira à l'entretien des plus gros approviſionnemens.

3º. Le déchet occafionné par les rats, les fouris, les oifeaux, les volailles, les infectes, les trémies, allarmoit le propriétaire qui voyoit diffiper fon bien peu à peu : maintenant il fera affuré de trouver dans fon grenier au bout de 4 ou 5 années & même plus , la même quantité de froment qu'il y aura dépofée.

4°. Toutes les années ne produifoient pas des grains propres à être confervés : en fuivant les pratiques que nous avons indiquées , on fépare le bon froment d'avec le froment infecté par la nielle & le charbon ; on defféche celui qui eft humide ; on rétablit celui qui avoit contracté une mauvaife odeur.

5°. Tout homme qui avoit de grands greniers redoutoit avec raifon , les manouvriers qu'il payoit pour remuer fes grains : s'il les prenoit à la journée , ils employoient mal leur tems ; s'il faifoit fon marché à la tâche , il n'y avoit fouvent que le deffus du tas de remué, & la qualité du froment s'altéroit : le froment devenoit-il rare ? il avoit lieu de craindre qu'on ne lui en dérobât ; maintenant il eſt déchargé de toutes ces inquiétudes. Notre méthode n'eſt pas ſeulement utile pour les magazins, elle peut encore être employée avec avantage pour en faciliter le tranſport, comme on le verra dans le Chapitre ſuivant.

Nous croyons donc avoir rendu la conſervation de tous les grains beaucoup plus aiſée & plus ſûre qu'elle n'étoit ; & nous avons lieu d'eſpérer qu'on fera dans les années d'abondance de grands magazins qui s'ouvrant à propos, feront d'un puiſſant ſecours lorſque les récoltes feront peu abondantes.

A a ij

CHAPITRE IX.

Du transport des Grains.

QUelque précaution que l'on prenne, on ne pourra pas subvenir aux besoins, lorsque les récoltes manqueront entiérement. Ainsi on sera quelquefois obligé de tirer des grains étrangers par Mer. De plus, il y a des Provinces dans le Royaume qui consommant plus de froment qu'elles n'en recueillent, sont forcées d'en tirer de l'Etranger. Ces grains transportés par Mer, souffrent toujours quelqu'altération ; car il faut de nécessité embarquer ces grains dans la cale des Vaisseaux. Or il y a peu de Bâtimens qui ne fassent un peu d'eau, & alors ce font des vapeurs humides qui se répandent dans la cale. Si les Vaiſſeaux font peu d'eau, cette eau ſe corrompt & répand une odeur ſi infecte, que ſouvent les Capitaines ſont obligés de faire jetter de l'eau dans la cale, afin que la pompe miſe en action puiſſe emporter avec cette eau nouvelle une partie de l'eau croupie qui altére tout ce qui eſt expoſé à l'impreſſion de la vapeur qu'elle excite. D'ailleurs c'eſt dans la cale qu'on embarque les vivres : les ſalaiſons qui fermentent, les fromages qui ſe pourriſſent, &c. toutes ces choſes contribuent à l'altération de l'air de la cale : en un mot, il regne ordinairement dans cette cale un air chaud & humide qui excite puiſſamment la fermentation ; & cet air eſt quelquefois tellement alteré que les hommes qui ne ſont pas d'un tempéramment robuſte, ne le peuvent refpirer fans tomber en foibleffe.

On peut juger delà, fi le froment qui a tant de difpofition à fermenter & qui eft fi fufceptible de contracter les mauvaifes odeurs, peut refter long-tems dans cette fituation fans contracter une altération confidérable. L'humidité le fait renfler, la chaleur le fait germer, la mauvaife odeur lui fait contracter une mauvaife qualité. Il eft d'expérience, qu'une grande partie des grains tranfportés par Mer ont fouffert une altération plus ou moins grande, fuivant la longueur du trajet & les autres circonftances dont nous venons de parler.

Les Hollandois, dans la vûe de mieux conferver les grains qu'ils tranfportent, en font deffécher à l'excès, & même ils en font rotir une partie dans des fours. Ils mêlent ce grain torréfié avec l'autre, pour abſorber une partie de l'humidité qui al-tére toute une maſſe. Cette mé-thode qui diminue un peu le mal, ne préſerve pas les grains de toute altération, & les grains grillés diminuent un peu la qua-lité du pain ; ainſi je crois que l'on doit préférablement ſuivre la méthode que je vais indiquer.

1°. Il faut établir dans la cale des caiſſes ou petits greniers ſemblables à ceux *Planche VI. figure* 4. les bien brayer, & cal-fater en dehors, pour empêcher l'humidité d'y pénétrer.

2°. Bien deſſécher par le moyen de nos étuves tout le grain qu'on ſe propoſera de tranſporter.

3°. On dépoſera le grain bien deſſéché dans les greniers dont nous venons de parler , & on fermera le deſſus de ces gre-niers avec des planches, comme on le voit , *Planche VI. figure* 4.

4°. Comme les rats font très-redoutables dans les Vaiffeaux, on fera bien de garnir d'un petit treillis de fil de cuivre les trappes du deffus des greniers, afin que les rats ne puiffent y entrer pendant qu'on tient les trappes ouvertes pour laiffer échapper l'air des foufflets.

5°. On établira dans l'entrepont un grand foufflet, (*h*, *Planche VI. fig.* 2 ,) dont le porte-vent *i* , traverfera le pont pour aller s'ouvrir au-deffous des greniers en faifant deux coudes , comme celui marqué *r* , *fig.* 6. *Planche VI.* Il eft bon de remarquer que quoiqu'on établiffe dans la cale plufieurs greniers , néanmoins un feul foufflet fuffira ; parce que quand on voudra rafraichir les différens greniers, on y portera le vent par des tuyaux ; ou bien on tranfportera le foufflet vers le grenier qu'on voudra éventer.

6°. Pendant la traversée, on aura soin de rafraîchir tantôt un grenier, tantôt un autre, en faisant jouer le soufflet tous les jours, une heure & demi le matin & autant le soir.

7°. Quand on sera rendu au Port, on passera encore le grain à l'étuve, pour emporter toute l'humidité qu'il auroit pû contracter, & afin de dissiper le peu de mauvaise odeur qu'il auroit pû contracter dans la calle. Par ce moyen on aura sûrement du grain de très-bonne qualité, & qui sera en état d'être conservé dans les greniers ordinaires, ou dans les greniers que nous avons proposés, si on prévoit qu'on doive le tenir long-tems en magazin.

On trouvera peut-être que la méthode que nous venons de proposer pour transporter les grains, exige des frais & des

foins qui deviendroient à charge. Mais fi on les compare avec
les pertes auxquelles on s'expofe
en fuivant l'ufage ordinaire, felon lequel une partie du grain
fe trouve fouvent avarié & le
refte tellement diminué de qualité, qu'on eft obligé de le vendre à bas prix, je fuis perfuadé
qu'on ne regrettera pas les foins
& les peines qu'exigent la méthode que nous venons de pro-
pofer.

Souvent les Etrangers fe chargent eux-mêmes de nous livrer
leurs grains dans nos Ports. En
ce cas, on ne pourra pas prendre
les précautions que nous venons
d'indiquer pour les embarquer
& les conferver dans la traver-
fée ; mais c'eft alors qu'il faut
redoubler d'attention, à leur ar-
rivée pour les rétablir, en les
paffant par l'étuve & par le crible à vent, &c. comme nous l'a-
vons dit.

Ce que nous venons de détailler pour le transport des grains par Mer, pourroit, moyennant quelques changemens, avoir son application pour leur transport sur les Rivieres; & on ne seroit plus dans le cas de voir des charges entiéres de batteaux perdues. Pour cela il ne seroit peut-être pas impossible de faire jouer les soufflets par le courant de l'eau.

Il faut avouer qu'il seroit bien difficile d'avoir à la portée des grandes Villes, assez de greniers de conservation pour contenir tout le froment qu'on fait venir dans les années de disette; mais si à mesure qu'on débarque ce froment, on le faisoit passer par des étuves, on pourroit le déposer avec sûreté dans les greniers ordinaires, d'autant que dans cette circonstance la consommation se fait assez promptement.

Bb ij

CHAPITRE X.

Rapport des Mesures de Paris au pied-cube.

COmme nous avons travail-lé pour toutes les Provin-ces, nous avons évité de parler d'aucune Mesure d'usage ; & nous avons tout réduit en pieds-cubes : parce que sçachant la quantité de pouces cubes ou le poids du grain contenu dans une mesure quelconque, il sera aisé de réduire les pieds-cubes aux mesures qui sont en usage dans chaque Province. Néanmoins pour fixer encore mieux les idées, je vais ajouter ici un tarif des mesures de Paris ; parce qu'elles sont assez généralement connues dans tout le Royaume.

Les mesures qui sont en usage pour les grains, sont; le muid, le setier, la mine, le minot, le boisseau & le litron.

Le muid contient douze setiers, le setier deux mines, la mine deux minots, le minot trois boisseaux, le boisseau seize litrons.

Il n'est point d'usage de faire des mesures qui contiennent un muid, un setier, une mine : ces masses de grains sont trop considérables pour être maniées commodément ; ainsi ce sont des mesures idéales, & tous les grains qui s'achetent & se vendent, se mesurent dans le minot ou dans le boisseau, ou pour les petites quantités, dans le litron.

Les Auteurs qui ont traité de la capacité des mesures, se sont ordinairement attachés au boisseau dont ils ont conclu toutes les autres mesures ; mais on ne trouve pas une uniformité parfaite dans les réfultats des recherches qu'ils ont faites pour établir la capacité du boiffeau.

Suivant l'Ordonnance du 13 Juillet 1727, imprimée dans le Code militaire, le boiffeau de Paris dont on fe fert pour fournir l'étape aux troupes, eft évalué à une mefure quarrée de huit pouces de côté fur dix de hauteur ; ainfi, fuivant cette Ordonnance, le boiffeau de Paris contient 640 pouces cubes.

Suivant l'Ordonnance de 1669 rappellée dans un Réglement du Prévôt des Marchands, du 19 Décembre 1670, le boiffeau de Paris doit contenir 645 pouces cubes & $\frac{7590}{11820}$.

Suivant les Mémoires de l'Académie des Sciences, (*a*) le

____

(*a*) Voyez anciens Mémoires de l'Académie. Tome VI. *Menfura liquidorum* : pag. 540 & feqq.

boiſſeau de Paris contient 644 pouces cubes $\frac{68}{100}$.

Je ne ſçai ſur quelle autorité l'Auteur du tarif qui eſt à la fin du Calendrier de la Cour, dit que le boiſſeau de Paris contient 576 pouces cubes. Je ſoupçonne ſeulement qu'il a adopté le ſentiment de Dudée qui dit, qu'une meſure d'un pied-cube répond à trois boiſſeaux de Paris; mais Dudée ſuppoſe que la meſure d'un pied cube eſt remplie comble, & le calendrier la ſuppoſe raze, ce qui fait à peu près un neuviéme d'erreur. N'importe, pour éviter toute fraction, & afin que chacun puiſſe, ſans calcul & ſur le champ, prendre une idée de la capacité de nos greniers, nous adoptons le tarif du calendrier de la Cour; ceux qui voudront tendre à une plus grande exactitude pourront employer la meſure fixée par l'Académie des

B b iiij

Sciences. Sur ce pied le muid de Paris contient 48 pieds-cubes , le fetier 4 pieds-cubes, la mine 2 pieds-cubes , le minot 1 pied-cube, le boiffeau 576 pouces cubes , le litron 36 pouces cubes.

Le poids du froment varie fuivant la façon plus ou moins exacte dont il s'arrange dans la mefure & fuivant la qualité du grain.

J'ai quelquefois pefé tout de fuite plufieurs pareilles mefures de froment, & j'ai trouvé une livre & demie & quelquefois deux livres de différence d'une mine à une autre.

La différente qualité des grains, la féchereffe ou l'humidité de l'air produifent des variétés bien plus fenfibles fur le poids des grains ; car il a réfulté d'un grand nombre d'expériences faites pendant quinze ans, (b) que le poids du fetier varie de 201 à 205 ; mais fi

(b, Voyez *Effai fur les Monnoies*, p. 53.

on veut prendre pour exemple le plus beau froment qui est toujours le plus pesant, le muid de Paris pesera tout au plus 4800 livres, le setier 240, la mine 120 livres, le minot ou le pied-cube 60 livres, le boisseau 20 livres, & le litron ou livre 4 onces.

TABLE
DES MATIERES.

CHAPITRE I.

Effai fur la Confervation des Grains, I

R E M A R Q U E S.

CHAPITRE II.

Idées générales de nos recherches sur la Conservation des Grains, & les Expériences qui ont été faites en conséquence.

EXPERIENCE sur 555 *pieds cubes de froment humide difficile à conserver, & que nous avons mis dans un de nos greniers sans avoir été étuvé.* 70

REMARQUES.

EXPERIENCE sur 90 *pieds cubes de froment étuvé qui a été conservé sans avoir été éventé.* 77

EXPERIENCE sur 75 *pieds cubes de petit froment mêlé de noir qui a été étuvé & non éventé.* 79

REMARQUE.

Il est prouvé que les teignes ne peuvent subsister dans nos greniers.

REMARQUE.

On fait voir que le problême œconomique est complétement résolu. *ibid.*

CHAPITRE III.

Du nétoyement qu'il faut donner au froment avant de le passer à l'étuve. 102

CHAPITRE IV.

Defcription de l'étuve, avec la maniére de deffécher les grains. 119

Premiere Expérience pour con-noître combien le froment perd en

Cc ij

CHAPITRE V.

Description du poële que nous avons employé pour chauffer l'étuve.

CHAPITRE VI.

Des Greniers de Conservation. 194

Fin de la Table.

Extrait des Regiſtres de l'Académie Royale des Sciences.

Du 6. Septembre 1752.

MESSIEURS DE JUSSIEU le cadet, & DE MONTIGNY, qui avoient été nommés pour examiner un Ouvrage de M. DUHAMEL, intitulé: *Traité de la Conſervation des grains,* en ayant fait leur rapport ; l'Académie a jugé cet Ouvrage digne de l'Impreſſion : en foi de quoi j'ai ſigné le préſent Certificat. A Paris ce 25. Novembre 1752. *Signé* GRANDJEAN DE FOUCHY, *Secretaire perpétuel de l'Académie Royale des Sciences.*